O LEGADO DOS GENES

Mayana Zatz e Martha San Juan França

O legado dos genes
O que a ciência pode nos ensinar
sobre o envelhecimento

Copyright © 2021 by Mayana Zatz e Martha San Juan França

*Grafia atualizada segundo o Acordo Ortográfico da Língua Portuguesa de 1990,
que entrou em vigor no Brasil em 2009.*

Capa
Mariana Newlands

Imagem de capa
Progressão K-40, 1988/1990, de Abraham Palatnik. Acrílica e cordas sobre tela,
130 × 180 cm.

Preparação
Angela Ramalho Vianna

Revisão
Clara Diament
Márcia Moura

Dados Internacionais de Catalogação na Publicação (CIP)
(Câmara Brasileira do Livro, SP, Brasil)

Zatz, Mayana
    O legado dos genes : O que a ciência pode nos ensinar
sobre o envelhecimento / Mayana Zatz e Martha San
Juan França. — 1ª ed. — Rio de Janeiro : Objetiva, 2021.

    ISBN 978-85-470-0127-8

    1. Cérebro – Envelhecimento 2. Envelhecimento
3. Envelhecimento – Aspectos genéticos 4. Genética
humana 5. Genoma humano 6. Longevidade I. França,
Martha San Juan. II. Título.

21-63354   CDD-612.67

Índice para catálogo sistemático:
1. Envelhecimento : Genoma humano : Ciências
    médicas   612.67

Cibele Maria Dias – Bibliotecária – CRB-8/9427

[2021]
Todos os direitos desta edição reservados à
EDITORA SCHWARCZ S.A.
Praça Floriano, 19, sala 3001 — Cinelândia
20031-050 — Rio de Janeiro — RJ
Telefone: (21) 3993-7510
www.companhiadasletras.com.br
www.blogdacompanhia.com.br
facebook.com/editoraobjetiva
instagram.com/editora_objetiva
twitter.com/edobjetiva

*Aos nossos pais, por terem nos transmitido,
além de seus genes, valores culturais
e princípios éticos.*

A Maria Lúcia Lebrão
In memoriam

O grande patrimônio do velho está no mundo maravilhoso da memória, fonte inesgotável de reflexões sobre nós mesmos, sobre o universo em que vivemos, sobre as pessoas e os acontecimentos que, ao longo do caminho, atraíram nossa atenção. [...] Este imenso tesouro submerso jaz à espera de ser trazido de volta à superfície durante uma conversa ou leitura; ou quando nós mesmos vamos à sua procura nas horas de insônia; outras vezes surge de repente por uma associação involuntária, por um movimento espontâneo e secreto da mente. [...] Nada de parar. Devemos continuar a escavar! Cada vulto, gesto, palavra ou canção, que parecia perdido para sempre, uma vez reencontrado, nos ajuda a sobreviver.

Norberto Bobbio[1]

Sumário

Apresentação — *Martha San Juan França* 11

1. Por trás de uma pesquisa tem sempre uma história 17
2. Os genomas brasileiros 25
3. Por que envelhecemos? 37
4. De porta em porta, vamos conhecendo nossos velhos 52
5. Como estamos envelhecendo? 59
6. Viva bem com o cérebro que você tem 68
7. Memória: modo de usar 79
8. *Mens sana in corpore sano* 91
9. É preciso saber viver 100
10. Por que parou, parou por quê? 110
11. E então veio a covid-19 118
12. Uma vida dedicada à ciência 127

Uma palavrinha final — *Mayana Zatz* 133
Agradecimentos 141
Notas 145

Apresentação

Martha San Juan França

Em 2014, tivemos a ideia — eu e a bióloga e geneticista Mayana Zatz — de fazer um livro sobre pessoas com idades entre oitenta e cem anos que, a despeito de seus muitos anos de vida, impressionam pela agilidade mental, disposição e capacidade de inspirar os outros. Enquanto tantos octogenários perdem o interesse pela vida, sofrem de depressão ou de alguma forma de demência ou incapacidade física, outros se destacam pelo contrário. Qual é o segredo deles? O que distingue esses idosos?, nos perguntávamos. A que atividades se dedicavam para se manterem física e cognitivamente mais capazes do que a média dos brasileiros, mesmo os mais jovens? Até que ponto uma velhice saudável tem relação com genética, estilo de vida, personalidade? O que podemos utilizar de suas histórias para o nosso próprio proveito à medida que envelhecemos?

Não são perguntas aleatórias, e elas surgiram no escopo do Projeto 80mais, um estudo realizado desde 2010 pelo Centro de Estudos do Genoma Humano e Células-Tronco (CEGH-CEL) do Instituto de Biociências da Universidade de São Paulo (USP), que Mayana preside. Ele consiste na coleta do DNA de voluntários com oitenta anos ou mais, saudáveis do ponto de vista tanto cognitivo como físico. O banco foi criado para servir como base de comparação e referência para a genética de idosos brasileiros. Mesmo que os participantes tivessem males comuns ao envelhecimento (hipertensão, doença cardiovascular etc.), acreditava-se que teriam chances muito reduzidas de desenvolver doenças graves — as mesmas que poderiam acometer crianças ou adultos com mais morbidades e menos anos nas costas.

A existência de idosos com mais de noventa anos e até centenários que sobreviveram ao pesadelo da pandemia de covid-19, mesmo considerando que o vírus é especialmente letal para essa faixa etária, trouxe mais uma motivação para o estudo. Afinal, as alterações do sistema imunológico relacionadas com a idade em geral contribuem para a maior incidência de doenças infecciosas ou até crônico-degenerativas nos mais velhos. Mas muitos mostraram resistência ao novo coronavírus. O que há de especial neles?

Em novembro de 2016, o CEGH-CEL implantou a plataforma Arquivo Brasileiro Online de Mutações (ABraOM), que reúne milhares de variantes genômicas dos brasileiros para dessa forma ajudar em estudos sobre herança genética, envelhecimento e origem de doenças. O objetivo desse enorme banco de dados on-line é apresentar quais variantes estão presentes nos idosos, e com que frequência, e assim ajudar cientistas e laboratórios a classificá-las quando encontradas em pacientes com diagnóstico a esclarecer.

Além disso, no longo prazo, o banco poderá identificar mutações que favorecem o envelhecimento saudável e como elas funcionam. Por ser um banco de dados de brasileiros, que são fruto de uma mistura de povos indígenas, europeus e africanos, entre outros, ele poderá trazer informações mais valiosas sobre nós mesmos quando comparado a outros bancos, em que são usadas referências da Europa e dos Estados Unidos — e ainda ajudar outros países com população menos heterogênea.

Paralelamente, depois de uma conversa minha com Mayana, comecei a convidar octogenários famosos para participar do nosso banco de dados e saber um pouco mais de suas vidas. Afinal, há muito mais na história e nos acontecimentos de nossas vidas do que o determinismo biológico pode explicar. Nesse sentido, rendo minha homenagem a Mayana. Desde que, como jornalista, acompanho seu trabalho — e isso já tem muitos anos —, percebo seus esforços para estabelecer as bases genéticas de uma vida saudável. Mas, se cada vez mais a genética pode ajudar a prever ou a prevenir problemas futuros, Mayana tem a plena compreensão de que ela não determina totalmente o destino das pessoas.

Essa certeza, aliás, está na razão de nossa primeira parceria, que resultou no livro *GenÉtica: Escolhas que nossos avós não faziam*,[1] fruto de sua experiência no atendimento de pacientes no CEGH-CEL e das indagações resultantes dos desdobramentos das novas técnicas de biologia celular — reprodução assistida, diagnóstico pré-natal, diagnóstico pré-implantação, seleção de embriões, células-tronco, clonagem, terapia gênica, manipulação e, mais recentemente, edição de genes. Com as entrevistas e o banco de DNA dos octogenários, estávamos dando um passo adiante nessas indagações.

À medida que eu conhecia e me apaixonava pelas histórias de nossos voluntários, ia ficando mais evidente que o universo do envelhecimento era muito maior do que a genética ou o ambiente podia abarcar. Aprendi quão pouco sabemos sobre o sentido de acrescentar mais anos a nossas vidas e como o contato com os idosos pode enriquecer a existência de todos — em qualquer idade. Temos um privilégio que gerações anteriores não tiveram: o de viver muito. Precisamos agora tirar proveito desse privilégio, e sem preconceitos.

Essa história, porém, ainda precisava de um contraponto. A natureza do Projeto 80mais exigia que seus voluntários fossem pessoas "fora de série" tanto física como mentalmente. E, assim, acabamos reunindo um time composto por artistas, intelectuais, escritores, jornalistas — a maior parte deles renomados e com estilos de vida e hábitos que só uma boa condição econômica pode propiciar. Mas seria essa a realidade da maioria dos idosos? Em um país desigual como o nosso, é claro que as condições econômicas influenciam, direta e indiretamente, a maneira pela qual envelhecemos. Daí veio a contribuição inestimável de outro projeto, batizado de Sabe (Saúde, Bem-estar e Envelhecimento). Pelas mãos da professora de enfermagem Yeda Duarte, sua coordenadora, o projeto (ainda em andamento) traça um retrato preocupante de quem são e como vivem as pessoas com sessenta anos ou mais residentes no município de São Paulo, e qual seu estado de saúde.

Este livro, portanto, se tornou mais do que uma história da vida de octogenários bem-sucedidos. É a descrição de um projeto científico para um público amplo e uma oportunidade de mostrar como é feita a ciência de ponta no Brasil — uma aventura para "fortes", ouso dizer. Mas também envolve muitas facetas e perguntas sobre a questão do envelhecimento. O livro não seria possível sem a contribuição inestimável do geneticista Michel Naslavsky,[2] alma do ABraOM, analista de dados, faz-tudo, apaziguador de ânimos, organizador de entrevistas e até motorista, se necessário. Cabe destacar também o terceiro elo desse trabalho, o médico Edson Amaro Júnior e toda a sua equipe do Instituto Israelita de Ensino e Pesquisa Albert Einstein, que por meio de suas pesquisas sobre o cérebro dos idosos estão trazendo novidades a respeito de algo que interessa a todos nós, velhos e jovens. Assim, o livro também fala sobre a importância da cooperação científica, não só entre cientistas e institutos de pesquisas, mas entre cientistas, entidades privadas e públicas, cidadãos e governos — essa é, sem dúvida, a aliança perfeita, em todas as áreas.

Vale ainda uma última informação. Eu e Mayana assinamos a autoria deste livro, mas ao longo da leitura você ouvirá a minha voz. O intuito foi tornar a leitura mais fluida e, afinal, minha função é justamente narrar o teor e os avanços das pesquisas de Mayana e de outros cientistas citados aqui. Porém, ao longo do processo de escrita, Mayana colaborou intensamente, corrigindo e reformulando o texto quando necessário.

Por fim, como dizem os cientistas dedicados ao conhecimento da longevidade: velhos todos seremos, e é bom que assim seja, porque a alternativa é muito pior.

1. Por trás de uma pesquisa tem sempre uma história

Quem passa na rua do Matão, na Cidade Universitária da USP, certamente notará a construção moderna de fachada envidraçada ao lado do Instituto de Biociências. Ela não combina muito com a arquitetura dos anos 1960 dos outros prédios do campus, e o lugar é difícil de achar para quem não está familiarizado com os diversos espaços, usos e atividades da USP. É a sede do CEGH-CEL, o Centro de Pesquisas sobre o Genoma Humano e Células-Tronco, ponto de partida do engajamento de Mayana Zatz nas questões que afetam o envelhecimento saudável.

Mayana foi uma pioneira em pesquisas sobre doenças genéticas no Brasil, tendo, em 1995, com suas colegas Maria Rita Passos-Bueno, Mariz Vainzof e Eloísa de Sá Moreira, localizado um dos genes ligados a um tipo de distrofia muscular progressiva. Professora titular do Instituto de Biociências naquele ano, ela buscou atualizar o seu grupo de pesquisas nas técnicas mais modernas de biologia molecular aplicadas à genética humana e formou uma rede de cientistas de excelência na genômica — área da ciência que estuda o genoma (todos os genes de um ser vivo). Associou-se também a vários laboratórios de ponta internacionais, entre os quais o de Louis Kunkel, da Universidade Harvard, um dos cientistas que descobriu o gene e a proteína relacionados à distrofia de Duchenne, atualmente envolvido em novos caminhos para o tratamento da doença.

O grupo de pesquisadores brasileiros, cada qual com suas curtas verbas, precisava de um local adequado para atender aos pacientes. "Queria oferecer um ambiente agradável aos meninos que atendíamos", conta a cientista, "para que não precisassem ficar em fila ou disputar senhas, como acontecia no Hospital das Clínicas ou mesmo no nosso laboratório, que ficava no segundo andar de um dos prédios da Biociências e sem elevador."

Na luta para conseguir recursos para a construção do prédio na Cidade Universitária, Mayana soube da existência do Programa de Apoio a Núcleos de Excelência (Pronex), do CNPq. "Submetemos um projeto científico solicitando verbas para construir um novo centro e fomos aprovados. Contratamos um arquiteto que não seguiu o padrão de construções da USP, queríamos um prédio diferente, com muita iluminação e onde os pacientes pudessem ter o melhor atendimento."

Sua exigência tinha razão de ser: "Lembro de uma senhora que disse ter se perdido para chegar ao Centro, mas depois que viu o prédio achou tão lindo que esqueceu toda a angústia de ter se perdido. Além disso, implementamos um agendamento por telefone, com hora marcada. Para os pacientes do Hospital das Clínicas, acostumados a ficar horas na fila para conseguir uma senha, aquilo era inacreditável".

Inaugurado em 2000, o CEGH-CEL é uma instituição original para os padrões brasileiros, ao reunir atendimento clínico, laboratório de pesquisa e atividades de difusão científica sobre o impacto da genética na vida das pessoas. Atende a pacientes com doenças neuromusculares, mas também com autismo, deformidades craniofaciais, deficiência auditiva, deficiência intelectual, distúrbios do desenvolvimento e câncer hereditário. Todas elas doenças debilitantes, degenerativas e potencialmente fatais. A ideia é oferecer uma via de mão dupla: "Os pacientes gerando novas pesquisas e novas pesquisas ajudando os pacientes", diz Mayana. O carro-chefe do atendimento inclui diagnóstico, testes genéticos e orientação a pacientes e às famílias com doenças genéticas — conjunto conhecido como aconselhamento genético (embora talvez fosse mais justamente chamado de orientação genética, já que o geneticista não aconselha: as decisões sobre o que fazer com as informações contidas nos genes são exclusivamente dos interessados). As equipes, formadas por professores, pesquisadores, médicos e técnicos especializados, ganharam reforço de outras áreas — medicina clínica, neurologia, fisioterapia motora e respiratória, apoio psicológico. "Nós não oferecemos tratamento, mas avaliamos as necessidades dos pacientes e passamos as orientações para os profissionais responsáveis", explica a médica geneticista Rita de Cássia Pavanello, coordenadora do laboratório de genética. "No total, o Centro já atendeu cerca de 100 mil pacientes e familiares de todas as partes do Brasil. É a maior amostra do mundo sendo estudada em um mesmo local."

As técnicas de mapeamento do genoma humano avançaram vertiginosamente nos últimos vinte anos e o CEGH-CEL acompanhou as mudanças. Hoje, ali são desenvolvidos testes genéticos capazes de analisar, simultaneamente, 6300 genes responsáveis por doenças genéticas raras. O Centro desenvolve pesquisas de ponta em grandes promessas da medicina como os xenotransplantes (transplantes de órgão ou tecidos ou células modificados de suínos para humanos), bioengenharia de tecidos (reprogramação de células), edição de genes e terapia gênica. Recentemente, chamou a atenção do mundo ao testar em laboratório o vírus zika como ferramenta para tratar tumores agressivos do sistema nervoso central.[1] E, seguindo a tradição, os cientistas investigam agora o papel da genética na variabilidade clínica da covid-19. Uma das principais linhas de pesquisa do Centro visa encontrar genes envolvidos em males incuráveis e difíceis de tratar, mesmo quando seus portadores apresentam diferentes sintomas. E aí entra em cena o histórico inigualável dos pacientes do CEGH-CEL. Vale lembrar que a descoberta de um gene representa um grande avanço no conhecimento de sua função e nos seus mecanismos de atuação no organismo, mas não se traduz, imediatamente, na cura de uma doença. Muitas mutações consideradas "patogênicas" podem não ser determinantes por si sós. Outros fatores modulam a expressão desses genes defeituosos e podem ter um grande impacto na suscetibilidade para se desenvolver ou não uma doença.

Exemplificando, uma das pesquisas nessa linha[2] teve como modelo cães da raça Golden Retriever com distrofia muscular. Os cães, em particular, têm sintomas muito semelhantes aos de crianças com a doença. Entretanto, surpreendentemente, dois animais, Ringo e seu filhote Suflair, tinham a mutação, mas não os sintomas de distrofia. Os estudos comprovaram que esses cães tinham a proteção de uma segunda alteração genética: um gene chamado Jagged1, que favorecia a proliferação e a regeneração de fibras musculares.[3] Esse gene ativa uma via que está sendo objeto de muita investigação, porque ela pode ser a base de um novo tratamento.[4]

Mayana acredita que as variações de sintomas de outras doenças graves — cita, por exemplo, a esclerose lateral amiotrófica (ELA), conhecida por afetar o físico britânico Stephen Hawking — poderiam ser mais bem compreendidas pela ciência. Hawking possuía uma variante rara. Viveu até os 76 anos, tendo sido diagnosticado com a doença aos 21 anos. Pacientes com ELA geralmente vivem muito menos. Segundo Mayana, um dos genes associados a uma forma hereditária de ELA já foi encontrado em pessoas com mais de setenta anos com formas leves da doença. Descobrir o que protege algumas pessoas dos efeitos deletérios de uma mutação patogênica poderá dar importantes pistas para futuros tratamentos.

Além dos testes genéticos, hoje disseminados, o sequenciamento do genoma permitiu a criação de bancos de dados com informações sobre o DNA que podem nos ajudar a saber se uma mutação (ou variante genética) é responsável por uma doença. Ou então se a mutação que causa a doença em uma pessoa de ancestralidade europeia também seria patogênica num brasileiro miscigenado. Foi daí que surgiu a ideia de montar um banco de dados de idosos brasileiros para caracterizar a variabilidade de seus genomas que não estaria representada nos bancos genômicos da população europeia ou norte-americana.

O sequenciamento do genoma de pessoas idosas tem uma lógica. O histórico da pessoa após uma certa idade permite saber se ela desenvolveu ou não doenças de início tardio, como mal de Alzheimer, mal de Parkinson, entre outras. E então é possível correlacionar os dados genômicos com a presença ou não da doença. E quanto mais idosos tiverem o DNA sequenciado, mais variantes genéticas ainda desconhecidas podem ser encontradas.

Esses bancos também são extremamente importantes para o diagnóstico de doenças raras. Por exemplo, imagine-se que uma mutação nova foi encontrada em um indivíduo jovem. Se ela estiver presente em um idoso saudável já sabemos que ela tem pouca probabilidade de ser responsável por uma futura doença no jovem. Por outro lado, se essa mutação não estiver presente no banco de dados, ou seja, não se manifestar em idosos saudáveis, esse é um sinal de alerta e deve ser investigado pelos geneticistas.

Mayana exemplifica com uma situação que ela vivenciou por acaso. Por volta de 2011, ela foi procurada por um casal com duas filhas. Por infelicidade, a mais nova nascera com uma má-formação rara que afeta a estrutura dos olhos: o coloboma. Até aquele momento, os pais, moradores do interior paulista, não sabiam nada sobre a doença — de fato, ela é muito pouco conhecida. Na tentativa de ajudar a menina, eles ouviram falar que a Unidade de Genética do National Eye Institute, nos Estados Unidos, estava arregimentando pacientes com esse tipo de má-formação ocular, potencialmente capaz de provocar a cegueira.

A família foi para lá. Além dos exames nos olhos, todos fizeram um sequenciamento do exoma (trechos do DNA onde ficam os genes codificadores de proteínas) para verificar a procedência do problema. O diagnóstico foi inconclusivo na menina, mas apontou um problema no pai: os exames demonstraram que ele tinha uma mutação genética rara, ainda que não tivesse nada a ver com o problema ocular. Era uma mutação relacionada à chamada distrofia tipo Becker. Por isso os cientistas americanos aconselharam que ele procurasse o CEGH-CEL no Brasil, um centro de referência no assunto.

A distrofia tipo Becker é mais rara do que a de Duchenne, e a diferença entre elas está na idade de início e na velocidade de progressão. Na distrofia tipo Becker, os sintomas começam mais tarde e a velocidade em que aparecem é muito mais variável. "O interessante, nesse caso, é que o pai, um empresário da área de informática, na época com 44 anos, era saudável, praticava esportes (jogava futebol), e os exames clínicos demonstraram que ele não tinha nenhum comprometimento muscular", diz Mayana. "Compreensivelmente, ele queria saber se, com o tempo, poderia ter algum problema. Como se tratava de uma mutação que nunca havia sido descrita, não era possível dar uma resposta."

Uma forma de averiguar melhor essa possibilidade seria descobrir se seus familiares mais velhos eram também portadores dessa mutação. Como ninguém tinha fraqueza muscular, para ter um prognóstico mais fundamentado foi sugerido que todos submetessem seu DNA para análise. Os exames demonstraram que a mãe, o irmão e um tio materno (de 56 anos) do nosso empresário — todos saudáveis — tinham a mesma mutação. Isso sugeria fortemente que ele não teria fraqueza muscular no futuro — o que o tranquilizou.

"Foi a partir desse caso que começamos a perceber que, além do histórico familiar, guardar o DNA de familiares mais velhos pode ser muito informativo, em particular para aqueles interessados em ter seu genoma sequenciado", conta Mayana. "Reunidas em um banco de dados, as sequências de DNA, seja de 'indivíduos controle' (população de referência), seja de pacientes com doenças específicas, podem levantar informações preciosas na interpretação de resultados e dados, definindo assim prognósticos e o próprio aconselhamento genético."

Esse foi o motivador do Projeto 80mais, que abre oportunidades para a realização de um trabalho de grande alcance em cooperação com outros centros de pesquisa e que se baseia numa discussão fundamental: o que significa viver mais tempo e com mais saúde, especialmente em um país tão desigual como o Brasil. Esse é um mundo fascinante, principalmente para os cientistas e pesquisadores das áreas de genética e gerontologia. Mas não só para eles, e não só para brasileiros — os benefícios são universais.

"Somos uma temível mistura de ácidos nucleicos e lembranças, de desejos e proteínas", disse o biólogo francês François Jacob, Nobel de Medicina em 1965, na conclusão de seu livro *O rato, a mosca e o homem*, um ensaio sobre os progressos da biologia.[5] No caso dos idosos, essa combinação é ainda mais significativa.

Nos próximos capítulos, em grande parte baseados nos muitos e muitos anos de pesquisa do Projeto 80mais, ficará claro que as diferenças individuais entre pessoas com "DNA baixo" (data de nascimento antiga) são enormes e abarcam, sim, a genética, mas também muitas outras variáveis.

2. Os genomas brasileiros

O professor Cândido Mendes de Almeida, da Academia Brasileira de Letras, já tem seu DNA eternizado para futuras pesquisas. Aos 86 anos, quando se voluntariou para o Projeto 80mais, ele contou que estava fascinado com a possibilidade de servir à ciência. "Acho que vamos melhorar a regra do viver, eu gostaria de participar disso. Quem não gostaria?", perguntou. Cândido mora no Rio, mas veio especialmente a São Paulo para doar seu sangue para o Banco de DNA do 80mais, acompanhado e estimulado pela mulher, a pneumologista e pesquisadora da Fiocruz Margareth Dalcolmo, que desde a pandemia do novo coronavírus se tornou presença frequente nos noticiários.

Antenado com o mundo, o professor, filósofo e cientista político estava interessado em comparar a sua experiência com a de outros octogenários e avaliar as perdas das funções vitais — imprescindíveis à manutenção da qualidade de vida no envelhecimento. "Eu penso tanto na vida que não me conformo com a morte", brincou, durante a conversa que tivemos. Cândido anunciou, de modo irônico e bem-humorado, que estava criando o "Clube da Decadência" — um encontro informal entre amigos idosos, destinado a debater suas experiências comuns. "O que traz felicidade para as pessoas é, digamos assim, compreender a nossa existência", comentou.

A esperança do professor ao colocar o seu genoma à disposição da pesquisa com idosos do CEGH-CEL foi de, além de ajudar a compreender o envelhecimento, potencializar uma nova área médica no Brasil que já está sendo chamada de medicina P4 (preditiva, preventiva, personalizada e participativa), pela possibilidade de antever doenças e personalizar os tratamentos. A proposta é cruzar os dados clínicos e étnicos, o estilo de vida e o ambiente dos pacientes com suas informações genéticas. Estas últimas devem ser comparadas com aquelas guardadas em bancos de DNA mundo afora para saber se seus portadores têm suscetibilidade elevada a determinada doença e assim iniciar o tratamento com remédios adequados o mais brevemente possível.

Os bancos genéticos são formados por DNAs obtidos de indivíduos ou de famílias extensas, e algumas vezes de populações inteiras. A Islândia, por exemplo, foi o primeiro país a armazenar os dados do sequenciamento genético de quase toda a sua população. O Reino Unido, em 2008, criou o seu programa, chamado 1000 Genomes, voltado para o estudo do câncer e de doenças raras. Os Estados Unidos propuseram, em 2015, o programa All of Us,[1] que pretende analisar a informação genética de mais de 1 milhão de voluntários norte-americanos, inicialmente para tentar compreender o câncer. Não por acaso, empresas farmacêuticas investem milhões em programas desse tipo, e o objetivo é desenvolver drogas mais seguras e a um custo mais baixo.[2]

Objeto de um consórcio internacional de cientistas que envolveu dezoito países, o Human Genome Project (HGP), ou Projeto Genoma Humano (PGH), iniciado em 1990 e concluído em abril de 2003, deu um impulso espetacular às pesquisas para entender melhor o funcionamento de nossos genes e as mutações associadas a doenças. Foram treze anos de pesquisas que custaram cerca de 2,7 bilhões de dólares para "ler" cada letra do código genético humano. A dificuldade, no começo, estava no tamanho das sequências do DNA de humanos, que é muito longa, e as máquinas de sequenciamento que existiam na época eram muito lentas, o que onerou ainda mais o trabalho.

Relembrando um pouco das aulas de biologia: os genes, unidades biológicas que determinam as nossas características (e as de todos os organismos), são formados por moléculas de DNA (ácido desoxirribonucleico) instaladas no núcleo de cada célula por meio de uma sequência de "letras" químicas (nucleotídeos) de quatro tipos: A (adenina), G (guanina), T (timina) e C (citosina).

Essa sequência de "letras" (algo como ATTTCCGGATTTAAGG-TCCAGTAATG) é transcrita em RNA (ácido ribonucleico) e posteriormente traduzida para a formação das proteínas essenciais tanto para a construção como para a manutenção de nossos órgãos e tecidos. Os seres vivos mais simples, como os vírus, possuem genomas pequenos, da ordem de milhares de subunidades — o genoma do Sars-CoV-2, por exemplo, possui 29 mil pares de bases. No caso do genoma humano, são cerca de 3,2 bilhões de pares de bases.

O método adotado demandava um número grande de cientistas trabalhando sem parar para obter a sequência de algumas centenas de pares de letras ou nucleotídeos. Mas com a chegada ao mercado dos sequenciadores de nova geração (NGS, do inglês Next Generation Sequencing) — que permitem o sequenciamento em paralelo e em larga escala, e são capazes de decodificar 2 trilhões de letras de DNA por dia —, essa parte do trabalho se tornou bem mais acessível e rápida. Para se ter uma ideia, em 2003, o custo do sequenciamento genético era de 100 milhões de dólares por pessoa. Atualmente, sai por mil dólares. A expectativa é de que nos próximos anos novas máquinas com ainda maior capacidade de leitura baixem esse custo para aproximadamente cem dólares por pessoa.

Os bancos de DNA hoje abastecem os laboratórios que realizam testes genéticos e prometem revelar quem são nossos antepassados e identificar nosso risco para doenças futuras, como câncer de intestino e de mama, problemas cardíacos, diabetes, e até mesmo estimar nossa expectativa de vida. Os testes são realizados a partir da saliva dos clientes, que recebem um kit em casa com todas as instruções necessárias. O caso mais conhecido de como esses testes podem afetar nossa vida é o da atriz americana Angelina Jolie, que descobriu carregar uma mutação do gene BRCA1, que representava um risco de 87% de que ela desenvolvesse câncer de mama e de 50% de que desenvolvesse câncer de ovário. O diagnóstico levou a atriz, em 2013, a se submeter a uma cirurgia preventiva para a retirada das mamas e dos ovários, decisão amplamente divulgada na imprensa.

Nos casos de doenças graves, como o de Angelina Jolie, esses testes podem ser extremamente úteis para o diagnóstico e a prevenção. No entanto, Mayana frisa que não devem ser aplicados isoladamente, sem um processo de aconselhamento genético, que inclui exames para confirmar o diagnóstico, testes para saber se há risco de repetição para futuros filhos ou parentes próximos, orientação em relação à doença e ao risco genético. Por exemplo, no caso do câncer de mama, só devem se submeter a um teste genético aqueles em que há repetição de várias ocorrências na família e com início precoce, que era a situação da família de Angelina Jolie. Isso porque a maioria dos casos de câncer de mama não é hereditária.

O problema se complica quando se trata de doenças mais comuns, incluindo 90% dos tipos de câncer, diabetes, hipertensão,

Alzheimer, Parkinson, que são relacionadas não a um gene, mas a uma série de variações genéticas que ocorrem no organismo de cada pessoa, e que interagem com fatores como o estilo de vida e o ambiente em que vive. No futuro, espera-se ser possível estimar o que os cientistas chamam de "riscos poligênicos", isto é, a análise da combinação desses vários genes permitirá prever um risco aumentado para as doenças mais comuns. Para isso serão necessários estudos de amostras populacionais muito grandes, que já começaram a ser realizados.

É por isso que o CEGH-CEL não faz os ditos testes "direto ao consumidor": como são ainda muito imprecisos, eles podem trazer mais ansiedade do que benefícios ao apontarem um risco aumentado para determinadas doenças. "Eu não gostaria de saber se tenho risco aumentado de desenvolver o mal de Alzheimer, para o qual não há tratamento eficaz atualmente", exemplifica Mayana. Há ainda outras considerações a serem feitas. Não podemos desprezar a maneira como as pessoas reagem à notícia de uma doença e quais são suas percepções dos riscos. A pergunta que deve ser feita a quem oferece o teste e a quem se submete a ele é o que essa pessoa poderá fazer com a informação. Ela vai trazer algum benefício real e importante?

Outras questões de caráter ético, moral e social também se impõem. Se for possível determinar em qualquer fase da vida quais as probabilidades de um indivíduo desenvolver certas doenças (daí esses testes serem chamados de "preditivos"), além das implicações psicológicas individuais há o impacto da notícia no núcleo familiar e os questionamentos sobre os direitos dessa pessoa em relação a seus empregadores ou planos de saúde, por exemplo.[3]

Além disso, esses testes são imprecisos. E por quê? A resposta está na diversidade da espécie humana. Todos os seres humanos — com exceção dos gêmeos idênticos — possuem um genoma único que, embora muitíssimo semelhante de um indivíduo para outro (algo como 99%), ainda assim contém pequenas diferenças, resultado do processo evolutivo e da adaptação aos mais diversos ambientes. Estudar apenas um punhado de genomas não é suficiente para dar aos médicos e cientistas um retrato verdadeiro dos nossos genes e estabelecer suas relações com as doenças. É por isso que a etapa do sequenciamento, hoje em dia, é considerada apenas o início de um processo muito mais complexo. Depois começa o trabalho de desvendar o significado de cada sequência de DNA e de comparar os milhões de possíveis diferenças com outros genomas de referência.

"O processo de caracterização da função gênica não é imediato, envolve um volume muito maior de pesquisas e conhecimentos do que as etapas de isolamento e sequenciamento", diz Mayana. "São bilhões de dados brutos que precisam ser peneirados, analisados e interpretados. Algumas diferenças não têm nenhum efeito, outras conferem vantagens a seus portadores. Mas há aquelas que podem ser danosas e quase sempre envolvem o aparecimento de doenças. Obter esses dados é trabalho para uma vida toda e um esforço gigantesco de uma equipe de pesquisadores."

Para fazer o sequenciamento do genoma, o primeiro passo é coletar uma amostra de sangue (ou saliva) do doador. Essa amostra é pré-processada em um laboratório com o auxílio de equipamentos e robôs para a extração do DNA das células, armazenamento e preparação do material. Só então o material coletado está pronto para ser processado em um sequenciador automático que codifica e digitaliza as sequências de letras e depois as compara com as bases de dados disponíveis. Começa então a difícil etapa de interpretação dos dados, associados ao perfil do doador. Sim, porque o genoma sozinho não pode dizer muita coisa. Para fazer sentido, é essencial reunir dados sobre o doador, seu organismo, as doenças que porventura tenham aparecido ao longo da vida, detalhes clínicos e pessoais. A ancestralidade de cada paciente faz diferença.

Atualmente, cerca de 80% dos indivíduos que participam de pesquisas genéticas advêm de populações de ancestralidade europeia (residentes na Europa e nos Estados Unidos). Precisamos incluir dados do genoma dos brasileiros nos bancos internacionais se quisermos fomentar pesquisas na área de saúde que considerem a nossa população. Outros países menos representados, como Austrália, China e Japão, estão fazendo o mesmo. Hoje se sabe que existe uma relação muito próxima entre a existência de variantes nos genes e a origem geográfica das pessoas. Um exemplo curioso foi apresentado pela cientista Anna di Rienzo. Ela descobriu que as populações de origem africana que vivem próximas da linha do equador possuem maior probabilidade de ter uma variante do gene 3A5 do que as de origem europeia. E o que o 3A5 faz? Aumenta os níveis de sal nos rins, ajudando o corpo a reter mais água, o que, por sua vez, ajuda a prevenir a desidratação. Ou seja, essa variação confere um benefício às pessoas muito expostas ao sol, que vivem em climas quentes; mas, por outro lado, aumenta os riscos de hipertensão arterial.[4]

Como os humanos viveram no continente africano há mais tempo do que em qualquer outro lugar, as populações africanas abrigam a maior diversidade genética do mundo. Só a Nigéria possui cerca de quinhentos grupos étnicos únicos, cuja genética tem sido conservada por milênios. Teoricamente, esse seria o melhor lugar para localizar as variantes que estão por trás das doenças. Todo mundo — e não apenas os africanos — perde quando a África fica fora dos estudos genéticos. Um caminho alternativo é sequenciar o genoma de populações miscigenadas — como o dos brasileiros — que têm uma parte de sua ancestralidade genética semelhante àquela encontrada em várias tribos africanas, sem contar outras, de origens indígena e asiática. Paralelamente, esse tipo de estudo pode ajudar a resgatar a história de populações que vieram para cá como escravizados e que hoje estão presentes em cerca de 20% a 30% de nosso DNA.

A equipe do geneticista Eduardo Tarazona Santos, da Universidade Federal de Minas Gerais, por exemplo, comparou os genes de populações africanas e de afrodescendentes que habitam as Américas, traçando assim o impacto da escravidão na composição genética do continente americano.[5]

> A escravidão foi uma tragédia que faz parte da nossa história, da nossa identidade, e essa história está escrita também no nosso genoma. Observamos que a ancestralidade africana predominante nas Américas originou-se de países como Nigéria e Gana, na região centro-ocidental africana. Por outro lado, nas Américas, a ancestralidade do Oeste africano, de países como Senegal e Gâmbia, aumenta em direção ao Norte, em particular no Caribe e América do Norte, e a dos povos bantos do Sul e Leste da África é maior no Sul do Brasil, ou seja, existe uma organização norte versus sul, latitudinal, das ancestralidades.[6]

Desde 2015, dados obtidos por meio de sequenciamento genético de várias instituições científicas brasileiras (e algumas de outros países da América Latina) compõem o primeiro banco público de dados genômicos do continente.[7] Por enquanto, as informações ainda são restritas ou focam em mutações específicas, sobretudo as associadas a alguns tipos de câncer. Mais recentemente, as geneticistas Lygia Pereira e Tábita Hünemeier, do Instituto de Biociências da USP, desenvolveram um projeto denominado DNA do Brasil, com o intuito de identificar mutações genéticas específicas de nossa população. Mas o desafio é grande em termos não só de financiamento como de dados.

A proposta é que as informações dos genomas sejam cruzadas com os dados clínicos e fenótipos dos participantes do estudo. Um passo importante nas pesquisas seria obtido se o Sistema Único de Saúde (sus) conseguisse implantar o prontuário eletrônico padronizado e digital, com todas as informações de saúde, clínicas e administrativas ao longo da vida de cada paciente, como já acontece no Reino Unido — não por acaso, os ingleses estão adiantados com o 1000 Genomes.

Na Europa, para evitar que essas informações sejam acessadas (e manipuladas) por empresas e seguradoras, a privacidade é assegurada por uma rígida regulação de proteção de dados. Isso é fundamental, pois confere ao cidadão o poder de controlar suas informações digitais e o prontuário médico, que inclui seus dados genéticos. Nos Estados Unidos, a lei proíbe qualquer compartilhamento de dados dos laboratórios com outras entidades sem o consentimento expresso dos pacientes, mas lá há muita desconfiança sobre até que ponto essa proibição é realmente respeitada. No Brasil, os cientistas têm seguido o padrão americano. O uso de DNA para pesquisa genética não necessita da autorização do depositante, desde que seja mantido o seu anonimato.

A questão, no entanto, é controversa. No caso, por exemplo, da empresa 23andMe, com sede na Califórnia e que oferece relatórios sobre ancestralidade e saúde com base na análise do DNA, os interessados que enviam as amostras têm a opção de assinar um termo autorizando o uso dos seus dados, desde que não tenham a identidade revelada. A empresa diz que tem mais de 9 milhões de clientes, sendo que 80% deles concordaram em participar das pesquisas, ainda que abrindo mão de eventuais benefícios financeiros caso seus dados ajudem a desenvolver um medicamento. Com isso, a 23andMe já realizou parcerias milionárias, vendendo esses dados para a indústria farmacêutica, como aconteceu com a espanhola Almirall, que foca na produção de um remédio para problemas de pele.[8] E o número de pessoas interessadas em conhecer seus genomas não para de crescer. No início de 2019, mais de 26 milhões de usuários já haviam enviado seus DNAs para diferentes empresas.

"Na prática, o que vemos é que, apesar de os comitês de ética serem muito exigentes em relação ao detalhamento dos termos de consentimento, na prática, com raras exceções, ninguém os lê", diz Mayana. Além disso, já vimos que podem ocorrer falhas de segurança, como aconteceu em 2018 com o Facebook, quando houve o vazamento de dados de cerca de 50 milhões de usuários. Mais recentemente, entre janeiro e fevereiro de 2021, houve o vazamento de informações relacionadas a CPF, renda, benefícios do INSS, entre outros, de 223 milhões de brasileiros, e 100 milhões de contas de celular foram expostas na deep web.[9] Na área médica e científica, o risco não é diferente.

Na corrida pelo mapeamento dos genes dos brasileiros, o CEGH-CEL estabeleceu como prioridade conhecer o DNA dos mais idosos, o que por si só já é uma novidade. Em geral, o estudo do envelhecimento é realizado com organismos-modelo de animais ou faz parte de projetos populacionais mais amplos. Os trabalhos que se referem especificamente aos mais velhos costumam também levar em conta grupos bastante homogêneos do ponto de vista genético, e alguns até relativamente isolados, como os velhinhos longevos de Okinawa, no Japão,[10] ou os judeus asquenazes, estudados pelo Instituto para Pesquisa do Envelhecimento da Faculdade de Medicina Albert Einstein, em Nova York.[11]

"Estudar o genoma dos brasileiros idosos é particularmente promissor porque, sobretudo aqueles que não tiveram acesso a medicina de ponta, já passaram por um processo de seleção natural, e sua boa saúde está, portanto, mais associada à genética", diz Mayana. "E aqui nós temos pessoas de todas as origens e submetidas a ambientes de toda espécie. Às vezes, digamos, o efeito negativo de uma variante genética de origem europeia pode ser neutralizado por outra vinda de populações africanas."

Até setembro de 2020, o CEGH-CEL já havia sequenciado o genoma de 1171 idosos, o que constitui a maior amostra de variantes genômicas de brasileiros, que está armazenada no ABraOM, o Arquivo Brasileiro Online de Mutações. A ideia é ter uma amostra maior ainda para comparar com outras populações.

A análise dos dados permitirá identificar mutações genéticas responsáveis por doenças, estimar a sua incidência na população brasileira e encontrar variantes que podem ser determinantes para o envelhecimento saudável, entre outras aplicações. As primeiras análises permitiram identificar mais de 76 milhões de variações genéticas, das quais 2 milhões não estão descritos em bancos de dados genômicos internacionais. Foram comparadas quase quatrocentas dessas mutações com as apontadas como causadoras de doenças nos bancos genômicos públicos para verificar se correspondiam a essa classificação. As análises permitiram reclassificar mais de 40% dessas mutações e apontar que algumas delas podem ter efeito menor do que o previsto anteriormente.

Além desse banco de dados genômicos de referência da população brasileira, a proposta do projeto também é entender os mecanismos responsáveis pelo envelhecimento saudável, ou *health span*, termo inglês usado pelos pesquisadores. Para isso, o grupo está investindo em pesquisas funcionais em nonagenários e centenários saudáveis. Isso só foi possível depois que o CEGH-CEL dominou a tecnologia para derivar células-tronco pluripotentes a partir do sangue — capazes de se diferenciar em qualquer linhagem celular no laboratório. "Queremos entender como funcionam os neurônios, as células musculares, as células de vasos sanguíneos em pessoas que se mantêm fisicamente saudáveis após os noventa anos. Saber os mecanismos que protegem essas pessoas dos aspectos físicos do envelhecimento poderá abrir caminho para novos tratamentos que beneficiem a todos", diz Mayana.

Esse trabalho só pôde ser levado adiante graças à participação de voluntários que se prontificaram em ceder o seu DNA. Boa parte desses voluntários, alguns deles personalidades famosas, é formada por idosos privilegiados. Embora não constituam a maioria da população, as informações por eles fornecidas sobre a longevidade e o processo de envelhecimento podem ter um alcance muito maior do que suas experiências individuais.

São pessoas como a professora Cleonice Berardinelli, especialista em Camões e Fernando Pessoa, não por acaso também imortal da Academia Brasileira de Letras, como Cândido Mendes. A Divina Cleo, como é chamada pelos amigos, explicou por que aceitou o convite para participar do projeto: "Se tenho a felicidade de ter chegado quase aos 97 anos, trabalhando e escrevendo, publicando livros, por que não participar de uma experiência que poderá trazer a outros idosos como eu, ou aos que ainda aqui não chegaram, sobretudo, uma oportunidade mais importante que um prêmio qualquer?".

3. Por que envelhecemos?

Numa segunda-feira de julho de 2019, pouco antes das dez horas da manhã, me encontrei com Nicia Magalhães na sala de espera do CEGH-CEL. Eu não a via há uns quatro anos, desde que ela me recebera na sua casa no Alto da Lapa para conversar. Agora, com noventa anos, parecia um pouco mais frágil e mais magra. Mas a mente estava afiada como sempre. Ela me conta que emagreceu e perdeu muito sangue por causa de um tombo bobo ao se levantar à noite da cama, o que lhe valeu um corte na cabeça. "Eu andava demais, fazia trabalho de campo no Pantanal e na Ilha do Cardoso, no litoral de São Paulo. Mas depois que eu caí, tenho ficado mais cautelosa e andado pouco."

Nicia Magalhães é bióloga, formada em história natural, curso que existiu na USP até 1963. É quase uma lenda na área de educação: uma geração de estudantes do ensino médio em São Paulo passou por suas mãos e lembra com saudades as excursões que ela fazia para ensinar biologia "ao vivo" nos ecossistemas brasileiros. Ela e a irmã, Luci Wendel, ex-professora de química, então com 94 anos, estavam voltando ao Centro para a segunda fase do Projeto 80mais. Dessa vez, seus dados médicos e pessoais foram atualizados pela geriatra Vivian Romanholi Cória, orientanda de Mayana e do geneticista Michel Naslavsky no mestrado em Aconselhamento Genético e Genômica Humana do Instituto de Biociências.

Gentil, boa contadora de histórias, Nicia ganhou todas as atenções das pesquisadoras do Centro. Tirou fotos e foi entrevistada por um programa de TV que fazia uma reportagem sobre o Projeto 80mais. Presenteou a médica e sua colaboradora, Lylyan Fragoso Pimentel, doutora em neurociências, com o livro autografado *Histórias de viagens pelo Pantanal*, que lançara aos 87 anos. "Tenho certas limitações físicas, mas vejo as coisas pelo lado positivo, gosto de falar e ouvir, trocar ideias, reunir os filhos, netos, colegas de faculdade", comentou.

Todo mundo que convive com os mais velhos ou que já chegou "lá" sabe que o processo de envelhecimento varia muito — não é igual de pessoa para pessoa, e ocorre em velocidades diferentes nos diversos órgãos do nosso corpo. É certo que a maioria das doenças crônicas é consequência do envelhecimento, mas ficar velho não significa ficar doente. Vive-se muito tempo quando o mecanismo de manutenção das células funciona bem, driblando os erros de percurso. E a ideia dos pesquisadores não é prolongar a qualquer preço a vida de quem já carrega doenças crônicas sérias, e sim evitar que elas ocorram.

A primeira pergunta que se impõe é: existe um limite para o envelhecimento? Não exatamente. Podemos evitar as causas de morte prematuras, como acidentes, atuar contra doenças infecciosas e degenerativas, corrigir deficiências nutricionais, fazer exercícios físicos, mas essas medidas não param o processo de envelhecimento, que parece ser inexorável e, na verdade, ainda é pouco conhecido. Existe um platô para a longevidade humana do qual, aparentemente, não se escapa. Até hoje, pelo menos até onde sabem os cientistas, ninguém superou a idade da francesa Jeanne Calment, que morreu aos 122 anos.

Segundo a teoria mais aceita, o envelhecimento é um processo natural que tem como finalidade garantir a renovação da espécie fazendo com que indivíduos após a idade reprodutiva deem lugar a outros. Nas escalas celular e molecular, os cientistas já sabem que esse fenômeno está inscrito nos genes de cada espécie — das tartarugas das ilhas Galápagos aos seres humanos. Experimentos envolvendo a manipulação de genes conseguiram, por exemplo, estender o tempo de organismos de vida relativamente curta, como vermes nematoides, camundongos e moscas. Alguns centros de estudo, como a Fundação Matusalém e a Fundação Sens, investem em estratégias para ampliar a longevidade de várias espécies, buscando assim informações para entender melhor o nosso próprio envelhecimento.[1]

De todo modo, uma coisa podemos afirmar: o envelhecimento começa nas células. Elas estão sempre se dividindo, e a cada divisão todo o genoma é duplicado (replicado), e os genes transmitidos para as gerações seguintes devem ser idênticos às versões anteriores. Mas, como tudo nessa vida, as células também estão sujeitas às agressões do meio ambiente, como substâncias químicas nocivas, radiação ultravioleta etc. Por esse motivo, podem ocorrer falhas no momento da replicação celular que não são reparadas e vão se acumulando com o tempo.

Outro problema que contribui para o envelhecimento são os radicais livres, moléculas altamente reativas produzidas pelo metabolismo celular durante o processo de queima do oxigênio utilizado para converter os nutrientes em energia. Na verdade, o organismo sabe como reagir a esses inimigos, fabricando enzimas que têm a capacidade de reparar os estragos e fazer com que as células funcionem normalmente. Nos idosos, porém, há um acúmulo de células que atingiram o fim do seu ciclo de vida e perderam a capacidade de copiar seu DNA. É nessa hora que o funcionamento dos órgãos começa a ficar comprometido e os sintomas de doenças aparecem. O corpo pode ficar mais suscetível a infecções e acaba vencido por problemas a que teria resistido quando era mais jovem. Uma simples gripe se transforma em algo sério, e não estamos nem falando sobre a covid-19, que atingiu particularmente as pessoas mais idosas.

As pesquisas sobre os mecanismos de reparo do DNA partem do princípio de que algumas famílias podem possuir alterações que amenizam os danos gerados pela divisão celular. Trabalhando em parceria com o CEGH-CEL, o pesquisador Carlos Menck, professor do Instituto de Ciências Biomédicas da USP, estuda como esses mecanismos protegem a informação genética de alguns idosos contra lesões que podem causar mutações capazes de, eventualmente, se transformar em tumores ou causar a morte de tecidos, acelerando o processo de envelhecimento.[2]

Os cientistas já sabem que, durante a vida das células, os danos genéticos não ocorrem de forma igual ao longo da molécula de DNA. Eles parecem atingir com mais frequência as duas extremidades, regiões conhecidas como telômeros. Ao que tudo indica, esses segmentos têm a função de proteger o restante do material, como se fossem a ponta plástica do cadarço dos sapatos. A cada divisão celular, os cromossomos perdem parte dos telômeros, até que estes ficam tão pequenos que seus mecanismos de reparo não são mais capazes de proteger o DNA. Nesse momento, as células param de se reproduzir, alcançam um estado de "velhice" e morrem. Os telômeros são, por isso, chamados de "relógio celular". Importante dizer que eles também sofrem influência do meio ambiente.

Assim, podemos dizer que outro destino das células, além de se dividir e replicar, é a morte. É o que se chama apoptose, ou morte programada. Ela tem o objetivo de garantir a manutenção de tecidos e órgãos, evitando que células com muitos danos comprometam o funcionamento do organismo. A apoptose é uma das principais causas de morte de células pré-cancerígenas, e pessoas com mutações que impedem essa ação ficam, por exemplo, mais propensas a tumores. Mas pode acontecer também de as células danificadas perderem sua capacidade de renovação e, apesar de não funcionarem mais, se recusarem a morrer. Entram em um estado de senescência. O envelhecimento, ou a atuação do tempo sobre as células, aumenta a proporção desses casos.

O nosso corpo produz hormônios que ajudam a regular inúmeras funções, incluindo a reprodução. Na juventude, a produção de hormônios é alta, mas, conforme se vai envelhecendo, o sistema endócrino pode sofrer diversas alterações que afetam os níveis hormonais, diminuindo a capacidade de reparação e de funcionamento das células. As mulheres conhecem muito bem os problemas causados pelo declínio hormonal: na menopausa, aparecem alterações de sono e de humor, falta de libido, ganho de peso, ondas de calor, dores articulares e musculares. Mas outros hormônios também sofrem alterações tanto em homens como em mulheres, afetando pele, sono, memória, sistema imune, gerando transtornos no metabolismo de gordura, danos ao sistema nervoso, diminuição da frequência cardíaca e outros problemas normalmente associados ao envelhecimento.

As pesquisas voltadas para a biogerontologia têm o objetivo de descobrir formas de evitar, ou pelo menos adiar, a ocorrência de danos nas células. Para isso, os cientistas estão de olho nos centenários, aqueles que ganharam na loteria da idade. Mayana ressalta que, na juventude ou na idade adulta, a genética tem pouca influência na proteção contra doenças; talvez, em termos percentuais, algo em torno de 20% a 30%. O ambiente e o estilo de vida são mais importantes. Na mão contrária, estudos sugerem que os genes têm papel fundamental quando se atinge os oitenta a cem anos. Os privilegiados que "chegam lá" apresentam um processo de envelhecimento mais lento e, quando adoecem, isso ocorre mais tardiamente.

O Centro de Envelhecimento da Universidade de Boston já mostrou que a longevidade é uma característica familiar, ou seja, é muito mais comum que pessoas como Nicia Magalhães, com avô, avó, pai, mãe ou irmã que viveram noventa anos ou mais, também cheguem a essa faixa de idade.[3] Na verdade, segundo o Centro, as chances de essas pessoas viverem muito são oito a dezessete vezes maiores do que as dos integrantes da população em geral. Uma parte dessas pessoas vem de famílias que são naturalmente longevas por motivos claramente genéticos. Há os que não têm mutações genéticas associadas a doenças graves e, consequentemente, vivem muito. Mas há outra parte que, mesmo tendo mutações para certas doenças, como câncer, problemas cardíacos ou diabetes, é imune aos seus efeitos e permanece saudável.

O primeiro estudo focado em idosos nonagenários e centenários foi batizado de Wellderly e começou em 2007, prosseguindo até hoje no Instituto de Pesquisa Scripps, da Califórnia. Já participaram dele cerca de seiscentos idosos com idades entre oitenta e 105 anos, com resistência tanto cognitiva quanto física invejável. Os voluntários tiveram o seu genoma sequenciado e devidamente comparado ao de outros indivíduos adultos com doenças crônicas típicas do envelhecimento. Para surpresa dos cientistas, o que os diferencia não é tanto a herança genética relacionada à longevidade ou os remédios para controle e prevenção de doenças crônicas: o que parece fazer a diferença são algumas variantes genéticas raras, associadas a menores riscos de problemas cognitivos.

O coordenador da pesquisa, o cardiologista Eric Topol, diretor do Scripps, dá como exemplo o mal de Alzheimer. Em alguns dos idosos saudáveis foram identificadas variantes de um gene que poderiam protegê-los contra a doença — lembrando que o Alzheimer é multifatorial, ou seja, sua origem obedece a uma interação de genes de suscetibilidade e fatores ambientais. Esses genes, um deles já identificado (APO4), aumentam o risco, mas não determinam que uma pessoa irá desenvolver a doença. Na pesquisa, foi identificado também que alguns idosos tinham uma propensão pequena a desenvolver problemas cardíacos, embora o risco genético de tumores, diabetes tipo 2 e derrames fosse igual ao dos participantes do grupo de controle.

Por essa e outras pesquisas, os especialistas hoje acreditam que, para o envelhecimento saudável, é necessário ter tanto genes que diminuam o risco de doenças crônicas como também variantes raras (que precisam ser mapeadas) que confiram algum tipo de proteção contra essas mesmas doenças. Trata-se de uma loteria, mas, mesmo que você esteja entre os premiados, é prudente manter hábitos saudáveis para evitar que as doenças apareçam.

A ideia de investir em genes protetores fez escola. O Instituto para Pesquisa do Envelhecimento, já citado aqui, iniciou há vinte anos um programa cujo enfoque principal tem sido justamente esses fatores que atrasam ou "iludem" as doenças associadas ao tempo. O "papa" dessa área é o ex-médico do Exército israelense Nir Barzilai, que preside o Instituto. Barzilai investigou o material genético de quase seiscentos judeus asquenazes centenários, uma população historicamente homogênea. Boa parte tinha sobrepeso, não praticava exercícios físicos e muitos haviam fumado durante um longo período. Em suas palestras, ele sempre conta a história dos irmãos Kahn, que nasceram em Nova York na década de

1910 e não podem ser exatamente considerados um modelo de hábitos saudáveis.

A irmã mais velha, Helen, fumou por mais de noventa anos. "Ninguém te recomendou parar de fumar?", perguntou o médico. "Sim, claro, mas os quatro médicos que me fizeram essa recomendação já morreram", respondeu ela. Helen, que todos chamavam de Happy (Feliz), morreu — depois de uma vida saudável — poucas semanas antes de completar 110 anos. Seu irmão, Irving Kahn, foi uma lenda de Wall Street. Começou a trabalhar na Bolsa de Nova York pouco antes do Crash de 1929 e continuou atuando como analista financeiro quase até morrer, em 2015, com 109 anos. Os outros dois irmãos Kahn, Peter e Lee, morreram com 103 e 101 anos, respectivamente.

Os estudos mostraram que os irmãos Kahn tinham uma mutação em dois genes que elevam os níveis de HDL, o chamado "colesterol bom". Aparentemente, o alto nível de HDL nesses centenários se mostrou um fator de proteção contra o declínio cognitivo e o mal de Alzheimer, além de doenças cardiovasculares. Segundo Barzilai, essas variantes estão presentes em uma proporção maior nos centenários do que em qualquer outra faixa etária.

Outras pesquisas do Instituto miraram as mitocôndrias, estruturas existentes dentro das células e que têm DNA próprio. Elas são as responsáveis por converter a energia dos alimentos que consumimos em energia celular, e estão envolvidas na geração da maior parte dos nossos radicais livres. A equipe de Barzilai identificou várias proteínas mitocondriais, batizadas de mitoquinas, nas células dos nonagenários e centenários. Uma delas se demonstrou particularmente eficiente na normalização dos níveis de glicose em animais, prevenindo a arteriosclerose e o mal de Alzheimer em ratos com propensão para essas doenças.

O médico e bioquímico Aníbal Vercesi, da Universidade Estadual de Campinas (Unicamp), em parceria com o CEGH-CEL, estuda o papel regulatório das mitocôndrias na saúde, no envelhecimento e na morte celular em idosos. Em suas pesquisas, ele verificou que o acúmulo de cálcio no interior das mitocôndrias estimula a produção de radicais livres em excesso, provocando danos às células que levam a doenças crônicas como infarto, isquemia cerebral, diabetes e Alzheimer.

A redução de danos provocada pelos radicais livres também está na raiz de outra hipótese relacionada à prevenção do envelhecimento: a dieta de restrição calórica. Nesse caso, a redução de calorias faria com que as reações dentro das células ocorressem mais lentamente. Outra explicação é que, com menos energia, nossas células entrariam em uma espécie de estado de alerta para otimizar os recursos disponíveis, como as proteínas. Consequentemente, isso reduziria a incidência de doenças cardiovasculares e crônico-degenerativas, como câncer, Alzheimer e diabetes. A restrição calórica é uma das linhas de pesquisa da genômica nutricional, a ciência que estuda a maneira como os nutrientes e os genes interagem, considerando os diferentes padrões de alimentação e sua influência no desenvolvimento de determinadas doenças.

Quando se fala em alimentação e longevidade, a primeira associação é com a dieta mediterrânea, adotada por parte da população da Grécia, Itália e Espanha, que privilegia, entre outros, peixes, vegetais, grãos integrais, iogurte e azeite de oliva. Ainda que seja difícil separar a adoção da dieta de outros fatores relacionados ao estilo de vida, pesquisas recentes conseguiram mostrar o efeito preventivo dessa alimentação sobre o diabetes e doenças do envelhecimento em geral, como degeneração macular (problema que afeta a visão) e até depressão. Os cientistas também descobriram que o resveratrol, um componente do vinho tinto, possui muitos dos benefícios neuroprotetores de uma dieta de baixa caloria e exercícios. "E é claro que é melhor tomar vinho tinto do que adotar a restrição calórica e passar fome", brinca Mayana. Além de atrair os geneticistas, pesquisas como essas chamam a atenção das maiores empresas do mundo. Uma receita para se viver mais ou um medicamento que consiga imitar a ação dos genes protetores é, decididamente, o santo graal de qualquer empresa. O exemplo mais emblemático é o Google, que em 2013 fundou a Calico (California Life Company), desenvolvedora de pesquisas genéticas dirigida pelo bioquímico Arthur Levinson, ex-CEO da Genentech, uma referência na fabricação de medicamentos a partir de pesquisas com DNA. O objetivo a longo prazo da Calico é usar algumas das mesmas tecnologias que o Google desenvolveu para organizar a internet de modo a entender o processo de envelhecimento e as doenças associadas a ele.[4]

A pesquisa do genoma humano visando decifrar o envelhecimento também é a razão de existir da Human Longevity, companhia fundada em 2013 pelo polêmico e genial bioquímico e empresário norte-americano Craig Venter, famoso por seus trabalhos pioneiros na área. Venter costuma estar na linha de frente de todas as pesquisas em genética. Além de ter criado um método de sequenciamento mais rápido, publicou o primeiro e mais completo retrato do genoma humano utilizando o seu próprio material genético. Seu objetivo foi conhecer melhor a relação entre genes e doenças, que é hoje a base da medicina preventiva.[5]

O objetivo da Human Longevity foi criar, nada mais nada menos, o maior banco de dados sobre genótipos e fenótipos humanos do mundo e, assim, identificar fatores ligados às doenças advindas do envelhecimento, bem como ao próprio processo de envelhecer. A empresa — cujo slogan é oferecer toda a "inteligência médica derivada de análises de informação" — obteve financiamento de outras grandes companhias para fazer a leitura recorde (na época) de até 40 mil genomas por ano e assim licenciar esse banco de dados para organizações farmacêuticas, de biotecnologia e acadêmicas, interessadas no desenvolvimento de diagnósticos sobre doenças complexas como câncer, diabetes, obesidade e demências.

Uma das principais colaboradoras da Human Longevity foi a bioquímica brasileira Fernanda Gandara, executiva da área técnico-científica, vice-presidente para desenvolvimento de negócios da Synthetic Genomics, outro dos empreendimentos de Venter. Fernanda ouviu Mayana falar do Projeto 80mais em um simpósio organizado pela Fundação de Amparo à Pesquisa do Estado de São Paulo (Fapesp) nos Estados Unidos e ofereceu uma parceria em troca do banco de dados.

É fácil explicar por que essa parceria foi muito interessante para o CEGH-CEL. Por mais que os custos do sequenciamento do DNA tivessem diminuído, a escala de tempo e dinheiro envolvidos nos projetos era colossal diante da falta de verbas e de pesquisadores especializados em bioinformática no Brasil. Em 2012, o CEGH-CEL ainda não tinha um supersequenciador (adquirido sete anos depois),[6] e foi preciso enviar as primeiras 604 amostras de material biológico (os exomas, ou a parte do genoma que codifica proteínas) dos idosos para o Children's Hospital of Philadelphia, pioneiro na técnica de sequenciamento de genes relacionados a doenças raras.

O resultado, depois analisado no Brasil, apontou a existência de 207 mil variantes genéticas que nunca tinham sido descritas nos bancos internacionais de dados moleculares. Cada idoso tinha em média trezentas alterações genéticas, a maioria inofensiva. A comparação com outras bases de dados indicou mutações associadas ao câncer em sete idosos pesquisados, sendo que cinco deles não tinham manifestado sintoma da doença.[7]

Isso foi apenas a primeira parte do trabalho. Os dados gerados foram inseridos no processo de análise de bioinformática do CEGH-CEL e foram o embrião do ABraOM,[8] abrindo várias possibilidades de pesquisa a serem desenvolvidas em colaboração com outros grupos com especialização em bioinformática. "Diferentemente do nosso trabalho com famílias afetadas por doenças genéticas, essa lista não fornece informação direta sobre quem são os pacientes e suas famílias", explica Mayana. Foram esses dados, apresentados no simpósio da Fapesp, que chamaram a atenção da representante da Human Longevity. "Propuseram uma parceria para sequenciar o genoma completo de 1320 indivíduos idosos", lembra Mayana. "Não haveria perda de autonomia, não gastaríamos quase nada e teríamos expertise para adiantar nossos projetos."

Mayana sabia que não conseguiria, com as verbas de pesquisa disponíveis, arcar com os custos de "máquinas de sequenciamento, infraestrutura de armazenamento, reagentes importados, salários e treinamento dos técnicos em bioinformática". A base de cálculo era simples, conta o geneticista Michel Naslavsky, principal colaborador da cientista. "O preço de custo só de reagentes (importados) e processamento de bioinformática passaria dos 8 milhões de dólares se fôssemos fazer o sequenciamento no Brasil, sem contar com os equipamentos e pessoal." Pernambucano radicado em São Paulo desde que iniciou o mestrado no Instituto de Biociências da USP, Michel é um aficionado de informática e computadores desde criança. Optou pela biologia e a genética por uma curiosidade sobre suas origens pessoais: conheceu seu pai apenas na adolescência e sua mãe morreu cedo, tendo ele sido criado pela avó. Devido a seu interesse em seguir os estudos sobre variabilidade genética humana, Mayana, como sua orientadora, sugeriu que Michel iniciasse a coleta de dados de idosos saudáveis, o que deu origem ao Projeto 80mais.

Michel encarregou-se da extração de DNA a partir do sangue dos idosos e, em seguida, da análise genômica, da formação do banco de dados e da organização das amostras. Depois, ampliou o projeto, consolidando parcerias com outros grupos. Durante o primeiro ano de mestrado, ficou evidente que o interesse despertado e o aumento das ambições do 80mais se enquadrariam melhor em um doutorado, e Michel foi contemplado com uma bolsa da Fapesp. Paralelamente, ele procurou unir os dois polos de seus estudos e interesses, aprofundando-se na utilização da bioinformática. "O meu foco era desenvolver uma habilidade de 'ponte', ao entender os problemas biológicos em sua essência e conseguir modelar e ajustar estruturas computacionais para resolvê-los", explicou.

Fazer parte de um projeto tão amplo lhe valeu o amadurecimento de habilidades muito úteis na vida acadêmica: participar de pesquisas colaborativas e adquirir resiliência ante a vasta burocracia. Foi assim que ele protagonizou muitas rodadas de negociação na via crucis burocrática para obter as autorizações dos participantes e das comissões de ética em pesquisa, imprescindíveis para mandar as amostras para os Estados Unidos. "Foram seis meses de idas e vindas para Brasília, o que pode ser considerado um tempo curto para os padrões da burocracia brasileira", consola-se. Valeram nesse momento a respeitabilidade adquirida por Mayana na vida acadêmica e os contatos que realizou no seu engajamento em defesa da universidade e da ciência brasileira.

Em 2017, Michel viajou para San Diego, base do Human Longevity. Dessa vez não foram sequenciados apenas os exomas, mas os genomas completos de 1324 idosos. Foram encontrados

78 milhões de variantes genéticas, das quais mais de 2 milhões ainda não estavam descritos na literatura. Isso corresponde a um volume da ordem de 200 terabytes de informação (a memória somada de duzentos computadores de ponta). Só o download dos arquivos na nova sala de servidores inaugurada no CEGH-CEL (com recursos da Universidade de São Paulo) demorou vinte dias para ser concluído. E foi aí que os estudos começaram para valer.

Segundo Mayana, esse pioneirismo só foi possível graças ao esforço gigantesco de uma equipe reduzida e altamente capacitada, condição aparentemente sine qua non para se fazer ciência no Brasil. A dupla expertise de Michel permitiu que ele trabalhasse em conjunto com um dos raros médicos e informatas brasileiros, Guilherme Yamamoto, coordenador de bioinformática do CEGH-CEL, contratado inicialmente para introduzir o sequenciamento de nova geração na prática clínica com os portadores de doenças degenerativas. Paulista e filho de médicos, Guilherme sempre se interessou por pesquisa e ciência, e resolveu juntar os dois interesses: formou-se em medicina e ciências moleculares. "Acabei fazendo residência em genética quando havia poucos nessa área", comenta. "Dei sorte por trabalhar na fronteira do conhecimento da medicina e em um centro privilegiado dentro da ciência brasileira."

Além de coordenador de bioinformática, Guilherme é médico-assistente na Unidade de Genética Clínica do Instituto da Criança do Hospital das Clínicas da USP e coordenador de bioinformática do GeneOne, laboratório de genômica da Dasa. A equipe conta ainda com a geriatra Vivian Romanholi Cória, que faz a correlação entre o histórico clínico dos voluntários e a genética. "Tentamos encontrar achados secundários nos genomas desses idosos: não aqueles que procuramos, mas os que aparecem como uma surpresa", explica. "Então buscamos no histórico médico e pessoal se são relevantes para o desenvolvimento de uma doença para a qual o idoso não tem sintomas, ou, se tiver, como conseguiu ter essa vida longa."

A base de comparação é a lista de genes compilada pelo American College of Medical Genetics and Genomics (ACMG), que reúne mutações conhecidas que causam males com sintomas definidos (fenótipos) que podem ser objeto de intervenção. Esses genes, na sua maioria, estão relacionados a neoplasias, predisposição à formação de tumores e algumas doenças cardiovasculares. Outros estudos, em cooperação com o bioinformata e geriatra russo Victor Guriev, do European Institute for the Biology of Ageing (Eriba), com sede na Holanda, buscam descobrir trechos do genoma dos idosos brasileiros que estão ausentes nos modelos de referência geral e, ainda assim, se relacionam a doenças.

"Nossa esperança é encontrar respostas que abram oportunidade para tratamentos e prevenção", diz Vivian. "A ACMG recomenda que as variantes encontradas por meio de sequenciamento de genomas em um dos genes relacionados a essas doenças sejam reportadas por serem de grande relevância médica, podendo ser usadas como subsídio no futuro para tratamentos clínicos, inclusive para diversos tipos de câncer."

Por tudo isso, o Projeto 80mais cresceu e adquiriu implicações importantes no Brasil e no mundo. Somam-se a isso a preocupação cada vez maior com o aumento do número de idosos e a forma como essa questão está sendo tratada (ou deixando de ser tratada) nos países em desenvolvimento, como veremos mais adiante.

4. De porta em porta, vamos conhecendo nossos velhos

Você pode não ter se dado conta, mas o Brasil não é mais um país de jovens. Nossa população envelheceu rapidamente nos últimos anos. Observe ao redor, na rua, no ônibus ou na fila do banco, e não será surpresa encontrar uma ou várias pessoas de cabelos grisalhos e rugas no rosto. É bom, aliás, ir se acostumando com a ideia, porque é muito provável que todos nós, cedo ou tarde, engrossemos essa turma. De acordo com o Instituto Brasileiro de Geografia e Estatística (IBGE), os brasileiros — homens e mulheres — estão ficando cada vez mais longevos.

Essa mudança não é exclusividade nossa. O mundo passa por essa que já é considerada uma das maiores e mais importantes transições demográficas da história. A quantidade de idosos, que era de 202 milhões em 1950 (8% da população total), passou para 1,05 bilhão em 2020 (13,5%) e deve alcançar 2,1 bilhões em 2050 (21,4%), quando todas as regiões do mundo, exceto a África, terão cerca de um quarto (ou até mais) de suas populações com sessenta anos ou mais. E não só isso: globalmente, o número de idosos com oitenta anos ou mais deverá triplicar: de 137 milhões em 2017 para 425 milhões em 2050.[1]

Veja o caso do Brasil. Hoje temos quase 30 milhões de idosos, 14% da população brasileira. Nesse grupo, incluem-se 3,5 milhões com mais de oitenta anos, sendo 24 mil centenários (7 mil homens, 17 mil mulheres).[2] Em 2060, o percentual da população com 65 anos ou mais de idade chegará a 25,5% (58,2 milhões), enquanto os jovens (0 a 14 anos) deverão representar 14,7% da população (33,6 milhões).[3]

Há quem diga que o envelhecimento populacional é uma notícia preocupante, e muitos brasileiros rejeitam essa realidade. Mas, na verdade, ela representa uma conquista: resultado dos investimentos que deram mais acesso aos serviços públicos de saúde ao povo de um modo geral (hora de bater palmas para o SUS). Isso por meio das campanhas de vacinação, do fomento da tecnologia médica, da redução das taxas de fecundidade. As taxas de mortalidade infantil e materna têm diminuído, infelizmente ainda não o suficiente, pois não conseguimos nos livrar de boa parte das mortes por doenças infecciosas e parasitárias. Há também os retrocessos mais recentes na taxa de imunização, no ritmo de melhorias na saúde pública e, principalmente, no combate à pandemia do novo coronavírus — ações que vão deixar sequelas, e muitas já estão sendo sentidas. Apesar dos retrocessos, a tendência de aumento da proporção de idosos na população deve prosseguir em ritmo acelerado.[4]

Se o aumento da população idosa é uma realidade em todo o planeta, há diferenças regionais. Enquanto países de alta renda enfrentaram o envelhecimento de suas populações de uma forma gradual nos últimos cinquenta a cem anos, entre nós esse intervalo de tempo foi contraído para os últimos vinte a trinta anos, senão menos. Outra diferença: os países com alto Índice de Desenvolvimento Humano (IDH) primeiro ficaram ricos e depois envelheceram; nós estamos ficando velhos antes de ficarmos ricos.[5] Houve tempo e disposição política para que os países mais ricos adquirissem padrões de vida elevados, reduzissem as desigualdades sociais e econômicas e implementassem estratégias institucionais para compensar os efeitos do envelhecimento na sociedade. Mesmo assim, ainda enfrentam problemas, como as notícias recentes sobre a morte de idosos por covid-19 demonstram. Por aqui a situação é mais alarmante. Na maioria dos países latino-americanos e do Caribe, em que vigoram altas taxas de pobreza e desigualdade social, as populações envelheceram prematuramente e mal. Há pessoas com 45, cinquenta, 55 anos que já estão velhas. Diante do atendimento precário e de condições de vida inadequadas, esses idosos desenvolvem as famosas comorbidades (hipertensão, diabetes e obesidade, entre outras), têm mais risco de sofrer infecções, apresentam um estado de saúde mais crítico e, no caso da covid-19, quadros mais graves da doença. A consequência é um aumento nas despesas com tratamentos médicos e hospitalares, que contribui para a carência geral de recursos.

Quando passam dos sessenta anos, essas pessoas "velhas" podem apresentar limitações no desempenho de suas atividades cotidianas, declínio da capacidade cognitiva e distúrbios de humor. Sofrem com a desvalorização de aposentadorias e pensões, com a falta de assistência e de atividades de lazer. São também vítimas de uma visão distorcida e preconceituosa, mais claramente enunciada durante a pandemia do novo coronavírus, que apresenta os velhos como um "fardo social", vovôs e vovós tutelados pela família ou deixados em instituições, integrantes de um grupo de risco dispensável, que deveriam deixar seu lugar para os mais jovens e saudáveis nos casos de falta de leitos e de respiradores nos hospitais.

Esse mundo mais grisalho, bem diferente daquele de que fazem parte os idosos do Projeto 80mais, é o tema da vida toda da professora Yeda Aparecida de Oliveira Duarte, docente da Escola de Enfermagem e da Faculdade de Saúde Pública da USP e figura proeminente em todas as iniciativas voltadas para o envelhecimento ativo e saudável. Yeda fez parte do grupo de pesquisa Estudo Longitudinal da Saúde dos Idosos (Elsi-Brasil) e coordenou o estudo sobre as condições epidemiológicas e sociodemográficas dos idosos residentes em Instituições de Longa Permanência de Idosos (Ilpis) ligadas ao Sistema Único de Assistência Social (Suas).

"Eu convivi sempre com idosos, quem me criou foi minha avó", ela me contou na primeira vez que conversamos, nos corredores da Faculdade de Saúde Pública. "Aprendi desde cedo a refletir sobre o envelhecimento e como nossas atitudes diante da velhice influenciam a nossa relação com a pessoa idosa e com a sociedade." Yeda me disse que em seus anos de atuação em defesa das pessoas idosas ficou muito claro que o brasileiro ainda tem a ideia de que somos um país que não envelhece. "A maioria das pessoas não se prepara para quando ficar mais velha. Envelhecer é uma conquista, mas é preciso avaliar em que condições está ocorrendo."

Foi o que pretendeu mostrar a Organização Pan-Americana de Saúde (Opas), em convênio com outras agências internacionais, ao propor um estudo sobre as condições epidemiológicas e sociodemográficas das pessoas idosas em centros urbanos da América Latina e no Caribe — o Estudo Saúde, Bem-Estar, Envelhecimento (Sabe). A pesquisa inicialmente foi realizada entre outubro de 1999 e dezembro de 2000 em sete cidades: Bridgetown (Barbados), Buenos Aires (Argentina), Santiago (Chile), Havana (Cuba), Cidade do México (México), Montevidéu (Uruguai) e São Paulo (Brasil). Na época, Yeda trabalhava ao lado da médica e professora da Faculdade de Saúde Pública da USP Maria Lúcia Lebrão, sua parceira em diversas jornadas científicas e coordenadora do Sabe.

Maria Lúcia tornou-se uma das mais respeitadas especialistas em epidemiologia do envelhecimento, tendo imprimido sua marca no Sabe até a sua morte, por um câncer, em 2016. Yeda esteve ao seu lado como amiga, cuidadora e enfermeira. "Cuidar de alguém como Maria Lúcia foi muito sofrido, mas nunca um peso", me disse comovida. "Para algumas pessoas pode ser uma forma de retribuição."[6]

Durante a nossa conversa, Yeda me mostrou orgulhosa as mais de 2 mil pastas contendo os inquéritos com os idosos de São Paulo. Essas pastas ainda estão na sala do Sabe, no subsolo da Faculdade de Saúde Pública, quase todas devidamente digitalizadas. Contêm questionários extensos, com dados socioeconômicos e demográficos, testes cognitivos, histórico de doenças, funcionalidade, sexualidade, hábitos e informações sobre a rede de apoio e família. Na primeira fase, questionários idênticos, formulados por especialistas da Opas, foram aplicados nos sete centros escolhidos, apesar dos contextos sociais e culturais diversos. Em todos os países, optou-se por capitais, com exceção do Brasil, onde a cidade de São Paulo foi escolhida por seu peso histórico e econômico. Brasília foi considerada uma capital ainda muito jovem.

O Brasil foi o único país a continuar a pesquisa, mantida bem viva com o financiamento da Fapesp. Hoje, é o único estudo nacional com vinte anos de acompanhamento da população idosa e, no âmbito internacional, o único estudo longitudinal de vinte anos desenvolvido em uma megalópole. Um estudo longitudinal de múltiplas coortes é aquele em que, além do acompanhamento da amostra inicial, são acrescentados outros participantes para substituir os que não puderam ser encontrados nos estudos seguintes.

Em 2000, foram realizadas quase 6 mil visitas e obtidas 2143 entrevistas. À amostra de 1568 idosos somaram-se novos questionários com outros residentes idosos, representativos da população de sessenta a 64 anos nos distritos em que foram realizadas as entrevistas anteriores. Em 2020, dos 2143 idosos iniciais, 380 continuavam vivos. A pesquisa, no entanto, não pôde ir a campo por causa da epidemia do novo coronavírus.[7]

Os caminhos do Sabe e do Projeto 80mais começaram a se misturar em 2010, ainda no tempo em que Maria Lúcia Lebrão estava na coordenação do projeto. Ela e Yeda avaliaram que, além das condições de saúde dos idosos, seria interessante estudar a genética dos participantes (lembrando das variantes genéticas de origens africana, indígena e europeia de nossa população). O Sabe e o Projeto 80mais corriam paralelos, e as pesquisadoras não se conheciam pessoalmente. Mas foi amor à primeira vista. "As professoras marcaram uma reunião conosco e ofereceram uma parceria entre dois modos de avaliar os idosos que traria benefícios para os dois lados", recorda Michel Naslavsky. Além da importância do recorte demográfico, elas trariam o histórico médico e pessoal, "tão necessário para a interpretação dos dados".

Enquanto a amostragem, os questionários e a coleta de informações prosseguiram com a equipe de pesquisadores da Faculdade de Saúde Pública, a extração de DNA, banco de amostras e análises genéticas ficaram sob a responsabilidade do CEGH-CEL. Em homenagem a Maria Lúcia Lebrão, a sala de bioinformática do Centro foi batizada com o seu nome, e uma placa ali mantém vivos a sua memória e o trabalho que continua com a professora Yeda.

Com a parceria, o 80mais, que havia começado de maneira bastante artesanal, ganhou envergadura. "Passamos a receber cinquenta amostras toda semana, um total de 1350 coletas apenas do Sabe, somadas as cerca de 150 amostras do 80mais", contou

Michel. Foram essas amostras (os exomas) que foram enviadas para o Children's Hospital of Philadelphia, para o sequenciamento, e depois trazidas de volta ao Brasil para o processo de análise de bioinformática do CEGH-CEL, dando início, finalmente, ao ABraOM. Acrescidas posteriormente com as amostras do 80mais, as amostras do Estudo Sabe tiveram o sequenciamento genômico completo desenvolvido no Human Longevity.

Um projeto complementou o outro, e o resultado dessa união foi um belíssimo exemplo de colaboração científica. Pesquisadores de distintas áreas enriqueceram uma base de dados que passou a ser sistematizada e cresceu muito rapidamente, tornando-se uma invejável referência comparativa da população brasileira: de um lado, uma amostra de octogenários singulares; de outro, um retrato fiel dos idosos da cidade de São Paulo e, por extensão, do país.

5. Como estamos envelhecendo?

Viver muito e bem é para quem pode, não para quem quer. Mesmo que a receita para uma vida longa esteja gravada no nosso DNA, outros fatores conspiram para o bom ou o mau desempenho de quem passou dos sessenta. O tipo de alimentação, o nível de atividade física, o tabagismo, o acesso a serviços de saúde, o ambiente, a educação, as experiências emocionais — todos esses são fatores que contribuem para "ligar" ou "desligar" genes, ou, melhor dizendo, torná-los ativos ou conservá-los adormecidos.

Do ponto de vista epidemiológico, o desafio é conhecer e enfrentar as consequências desses fatores quando eles são responsáveis por desviar o processo de envelhecimento do seu caminho fisiologicamente esperado. Hoje se sabe — e os participantes do Projeto 80mais estão aí para provar — que, se os idosos puderem experimentar anos extras de vida gozando de boa saúde e em um ambiente favorável, sua capacidade de fazer o que gostam e valorizam é comparável à de qualquer pessoa mais jovem. A genética tem um papel importante nisso, mas é fundamental trazer para a idade avançada estratégias de cuidados particulares e políticas públicas que auxiliem na conservação da saúde e da qualidade de vida dos mais velhos.

Nesse sentido, as notícias para nós, brasileiros, não são boas: os resultados do Estudo Sabe sobre as condições de vida e saúde dos idosos de São Paulo corroboram algumas das piores previsões da Opas sobre o envelhecimento em países com baixo IDH. Se é verdade que uma parte dos idosos que circulam na capital paulista está ativa, trabalha, passeia, viaja, namora, consome, as desigualdades sociais em todas as idades têm gerado um número crescente de idosos incapacitados funcionalmente e com saúde precária. Os efeitos a longo prazo da falta de investimentos em saúde, infraestrutura, educação etc. já se fazem sentir em termos de gastos com a assistência e com a previdência, por exemplo. Há casos em que representam um encargo para as famílias, que já têm de lidar com a crise econômica e o desemprego. Mas em sua maioria os idosos são chefes de família e responsáveis por seu sustento. Esse quadro se tornou ainda mais importante na pandemia, em função do desemprego dos mais jovens. Socialmente, está na hora de começarmos a questionar os estereótipos dos velhinhos de bengala e das velhinhas na cadeira de balanço fazendo crochê, por meio da reivindicação de possibilidades e de novos significados para o envelhecimento, inimagináveis em outras épocas.

Estudos demográficos no município de São Paulo mostram que a expectativa de vida no bairro paulistano de Jardim Ângela, considerado o local com piores condições sociais, é de 55 anos, enquanto no Jardim Paulista, bairro de classe alta, é de 79. Essa diferença ocorre também entre os idosos que moram em Copacabana, bairro da Zona Sul do Rio de Janeiro, e os que vivem em comunidades na mesma cidade. E até nos Estados Unidos pesquisadores da Faculdade de Medicina da Universidade de Nova York mostraram que 56 das quinhentas maiores cidades norte-americanas abrigam pessoas que devem viver cerca de vinte anos a menos do que aquelas que moram em melhores condições nos arredores — mesmo que a diferença seja de alguns quilômetros de distância.[1]

A amostra do Estudo Sabe é muito bem construída, representando fielmente a população idosa residente no município de São Paulo. As entrevistadoras do Sabe se deslocaram de ônibus e metrô por todos os locais da cidade para aplicar os questionários. A localização das residências demonstra, em grande medida, uma relação direta com a desigualdade. Os idosos estão concentrados nas regiões centrais e mais populosas da cidade. Mas, em menor proporção, também residem nas regiões periféricas, porque é onde conseguem se manter, ou porque lá se estabeleceram há dezenas de anos, quando as antigas chácaras se transformaram em loteamentos. Hoje, compartilham transportes coletivos lotados, falta de atendimento básico de saúde, crescimento dos índices de violência, e desfrutam de pouca, ou nenhuma, área verde.

É o caso de dona Júnia Silva, nascida em 1953, que conheci ao acompanhar uma das entrevistadoras ao Parque São Rafael, bairro no extremo sudeste da cidade de São Paulo. Em linha reta, fica a 25 quilômetros da praça da Sé. De transporte público são várias conduções e cerca de duas horas de viagem. Mineira, há dezenas de anos vivendo em São Paulo, viúva com quatro filhos já adultos e dois netos com menos de dez anos, dona Júnia trabalhou a vida toda. Primeiro, na roça; depois como costureira autônoma para uma fábrica de jeans e, finalmente, como diarista. Ela não recebe aposentadoria porque nunca foi registrada e só estudou até o segundo ano do primeiro grau.

Dona Júnia mora com um dos filhos e cuida dos netos, que perderam a mãe. Foi diagnosticada com hipertensão e diabetes, toma remédios (alguns receitados por pessoas próximas, sem formação médica) e não vai ao médico com regularidade porque eles são raros no posto de saúde perto da casa onde mora, construída pelo marido. "Sempre acho que estou bem, melhor do que outras pessoas de minha idade", comentou. Ela só se queixa da dor na coluna que a impede de fazer serviços pesados e acabou com a sua fonte de renda como diarista. "Melhora uma coisa, piora outra", brincou, referindo-se às dores, que naquele momento estavam concentradas no braço. Perguntada se estava satisfeita com sua vida, dona Júnia disse que, diante das dificuldades que já teve de enfrentar, estava sim.

"A nossa população idosa necessita ser mais bem assistida, mais bem cuidada", constata Yeda. "Se há idosos que se declaram de bem com a vida, mesmo em situações não tão propícias, temos que considerar que são um exemplo. Eles nos ensinam a ser resilientes." Para diminuir a carga sobre essa população, Yeda luta por políticas de apoio que melhorem o acesso aos sistemas de saúde e de educação. "Os idosos que dependem do atendimento público ainda podem marcar consultas e exames, mas o que muitas vezes dificulta o seu atendimento é a falta de acesso aos serviços. Eles podem ter dificuldade em circular pela cidade e em alguns casos não contam com suporte familiar ou social para acompanhá-los. Como fica?" A falta de um transporte público eficiente, por exemplo, foi a causa mais citada pelos entrevistados para faltarem a consultas médicas.[2]

As coletas do Estudo Sabe foram realizadas em quatro etapas a partir de 2000. Chamo a atenção para alguns dados. A maioria dos entrevistados do Sabe é constituída de mulheres (56,2%), o que corrobora o senso comum de que elas vivem mais do que os homens. Mas, se há vantagem quantitativa, o mesmo não acontece com a qualidade dos anos vividos. Primeiro, em razão das diferenças de remuneração entre homens e mulheres; de uma maneira geral, as mulheres estudam mais que os homens, mas recebem 23,5% a menos que eles.[3] Em segundo lugar, porque a precariedade e a solidão não afetam os gêneros do mesmo modo. As mulheres mais idosas quase sempre passam pela experiência da viuvez e da solidão, acrescida pela diminuição de renda, enquanto os homens desfrutam os anos a mais de vida com suas esposas ou novas companheiras. Tanto é assim que os resultados do Estudo Sabe de 2015-2017 mostraram que, do total de mulheres idosas, 19,8% residiam sozinhas, mas do total de homens idosos apenas 10,4% moravam sozinhos.

Também é grande o número de idosos que viveu na zona rural até os quinze anos (62,6% dos entrevistados no Estudo Sabe de 2000), antes de se mudar para São Paulo. Uma das consequências dessa situação é que boa parte deles teve dificuldade de acesso à escola, recebeu menos atenção à saúde, em outras palavras, não teve algumas facilidades que, na época, só a vida em uma zona urbana podia proporcionar. Essa constatação é corroborada pelo fato de que 21,7% dos entrevistados em 2000 não sabiam ler ou escrever um bilhete.[4] Na vida profissional, cerca de 75% exerceram ocupações que demandaram esforços predominantemente físicos.

A saúde desses idosos preocupa. Os resultados dos questionários de 2000 mostraram que a enfermidade mais reconhecida era a hipertensão (53,3%), fator de risco importante para acidentes vasculares e cardiovasculares. Quase 20% dos hipertensos disseram não tomar medicamentos para controlar a pressão. Igualmente preocupante é o número de idosos com diabetes (17,9%) — a maioria disse ter algum tipo de controle com medicação oral ou insulina, mas 20,2% não se cuidavam ou não tinham conhecimento sobre dieta e medicamentos de controle. Cerca de 20% apresentavam problemas cardíacos e 12,2%, doenças pulmonares crônicas; 3,3% tinham diagnóstico de câncer.

Outro dado importante é o número de doenças osteoarticulares, como artrite, artrose, reumatismo (31,7%), que limitam bastante as atividades; além das quedas (28,6%), que muitas vezes provocam fraturas das quais é difícil se recuperar, principalmente em mulheres e entre aqueles com mais de 75 anos. Além disso, menos de 1% dos entrevistados disseram ter todos os dentes e 22% mencionaram ter dificuldades para mastigar. Dos idosos que perderam mais da metade dos dentes, 86% utilizavam algum tipo de prótese, o que nos faz inferir que a rede de atendimento básico na área odontológica primava pouco pela prevenção da saúde bucal, mas tinha algum impacto na parte reabilitadora.[5]

As últimas avaliações do Sabe (2015-2017) se referem a pessoas que nasceram entre 1951 e 1955 — são os "novos idosos" — e mostram que o declínio causado por doenças pode estar ocorrendo mais cedo. O fato é que a referência a enfermidades crônicas aumentou: hipertensão (66,3%), doenças osteoarticulares (33,8%), diabetes (28,3%), problemas cardíacos (23,8%), câncer (9,3%), apesar de uma diminuição de casos de doenças pulmonares crônicas (7,9%). Em 2006, a pesquisa começou a medir a presença da síndrome de fragilidade, que engloba sintomas como fadiga e redução da força muscular e da velocidade de caminhada.[6] O resultado apontou que havia 8,5% dos idosos pesquisados nessa situação. Nas avaliações de 2015-2017, esse percentual subiu para 11,20%.[7]

Segundo Yeda, ainda que o acesso a informações sobre saúde e diagnósticos tenha melhorado muito, "nota-se que a porcentagem dos que hoje têm entre sessenta e 65 anos chega a essa idade com condições funcionais comprometidas mais precocemente do que o observado nas gerações anteriores, e necessitando de mais cuidados". Para ela, a questão é que esses "novos idosos", quando mais jovens, não tinham ideia do que fosse um estilo de vida saudável: fumaram, abusaram de alimentos processados, beberam muito, eram mais sedentários. A busca por um estilo de vida mais saudável, a onda fitness, a preocupação com a origem dos alimentos e seu impacto no ecossistema, a maior variedade de opções veganas e vegetarianas, o consumo de suplementos ou medicações mais naturais, tudo isso é ainda muito recente. As doenças crônicas, desde que adequadamente tratadas, não constituem necessariamente um problema. A questão é quando não são tratadas, pois podem gerar sequelas incapacitantes que, por sua vez, geram demandas sociais para que as pessoas possam continuar vivendo da melhor maneira possível. Para Yeda, isso significa que a sociedade deve olhar para os modelos assistenciais de outro jeito. "Precisamos reordenar nossas políticas públicas no sentido de criar uma política de cuidados de longa duração, que é do que os idosos estão precisando. Não adianta eles irem ao pronto-socorro quando não se sentem bem, receber um medicamento e voltar para casa até a próxima crise."

A maioria dos idosos diz não se sentir incapacitada para cuidar de si mesma (80,7%), embora 24% deles tenham limitações nas atividades básicas da vida, necessitando de cuidadores. "Estamos falando de pessoas com dificuldades para se vestir e tomar banho sozinhas, calçar os sapatos, levantar-se da cadeira", diz Yeda. Há ainda as dificuldades de caráter instrumental: em 2015-2017, 26,5% declararam precisar do auxílio de outras pessoas para usar o transporte público, 10,1 % para fazer compras, e 4,4% relataram ter problemas para lidar com o próprio dinheiro.[8] E mais: 6,1% não conseguem administrar seus medicamentos e 3,5% têm dificuldade no uso de telefones (fixos e celulares).[9]

Na maioria das vezes, os idosos vivem com suas famílias (companheiros e/ou filhos e netos), boa parte também de idade, ou que cuida dos mais velhos de maneira improvisada, intuitiva, enfrentando "do jeito que dá" situações que exigiriam alguém qualificado. Na falta de serviços adequados, quem fica em casa para cuidar e não tem emprego fora não conta com nenhum apoio trabalhista ou previdenciário. Uma parte não tem família, e muitos cujas famílias não possuem recursos humanos ou financeiros estão em hospitais e instituições de longa permanência, recebendo cuidados insuficientes e descoordenados das políticas de saúde e de assistência social.[10]

Há ainda os idosos que vivem sós (15,7%). Em princípio, viver só não é um problema, mas dependendo da condição de saúde é necessário algum tipo de plano em caso de acidente ou qualquer outra ocorrência. "Nós perguntamos para essas pessoas se elas têm a quem chamar se precisarem ir ao médico, ao hospital, comprar alguma coisa. A resposta de muitos deles foi: 'Não tenho ninguém a quem chamar, não tenho ninguém com quem contar'", diz Yeda.

A pandemia da covid-19 no Brasil tornou mais evidentes a situação desses idosos e, de um modo geral, a crise de saúde no país, comprovando, da pior maneira possível, a importância do controle de doenças crônicas. A chegada do novo coronavírus expôs e intensificou diferenças e desigualdades estruturais. As comorbidades, palavra que se tornou bastante conhecida no noticiário, estão presentes em maior grau nas pessoas — de qualquer idade — com menos acesso permanente aos serviços de saúde e educação, por isso necessitando de mais cuidado e tornando toda a população mais exposta ao vírus.

A covid-19 também trouxe à tona concepções depreciativas e problemáticas sobre os mais velhos, numa sociedade até pouco tempo bastante jovem. Idosos — nossos avós, bisavós — não costumam ter tanta visibilidade em nossas vidas. Mesmo quando presentes, com frequência têm sua capacidade e o bom senso questionados. Não só as doenças, mas a falta de compreensão e empatia pode arruinar os últimos anos de uma existência que, de outro modo, seria ativa e generosa. A idade traz limitações, mas é preciso insistir: a velhice não é uma doença. Ao contrário, cada indivíduo longevo traz histórias, memórias, ensinamentos. Ouvi-los tem um impacto positivo na saúde e no bem-estar de todos que estão à sua volta.

Gosto sempre de trazer o conceito de ancestralidade das religiões de matriz africana e como ele coloca os idosos em outro patamar, posto que a ancestralidade inclui não só os espíritos, entidades e divindades, mas também os mais velhos da comunidade, referências vivas da cultura e tradição. Desrespeitar ou ignorar os mais velhos é impensável porque isso significa desrespeitar a casa, a família, a própria sabedoria ancestral da qual você faz parte.[11]

Um dos momentos mais marcantes de minhas entrevistas com idosos foi a manhã que passei na casa de dona Leonida Pereira de Souza, na Vila Nova Cachoeirinha, Zona Norte de São Paulo. Ao redor da mesa posta com café, pão de queijo e bolo estavam quatro gerações da família dessa senhora, na época com inacreditáveis 108 anos. Dona Leonida é frágil, não ouve nem enxerga bem, se cansa com facilidade, vive numa casa sempre cheia, necessita e recebe cuidados. Essa senhora, que também cuidou de outros mais velhos com o mesmo carinho e respeito com que é tratada, tornou-se a memória da família. Sua função é contar para os mais jovens a sua história, dividir sua sabedoria e vasta experiência de vida, desde seus tempos de criança, quando ainda morava na zona rural do município de Caracol, no Piauí, até mais tarde, já emigrada para São Paulo. A família reconhece o privilégio de, por meio dela, acessar o seu passado.[12]

6. Viva bem com o cérebro que você tem

Um dos pesadelos mais frequentes de quem começa a envelhecer é a iminente diminuição do desempenho cognitivo, da capacidade de raciocinar, de processar informações. É senso comum acreditar que, a partir de uma determinada idade, devemos pôr de lado coisas que sempre fizemos ou mesmo deixar de encarar novos desafios. Essa ideia nasce do preconceito, não da ciência. Os americanos, por exemplo, têm até uma palavra para se referir à discriminação de pessoas por causa de sua idade: *ageism* (ageísmo, idadismo ou etarismo, em português).[1] "Alguns estereótipos relacionados à idade estão tão enraizados que as pessoas os consideram normais", afirma a gerontóloga Laura Mello Machado. "Por isso, é muito comum os mais jovens desrespeitarem a independência e a autonomia dos mais velhos."[2]

É fato que, como ocorre com todos os outros órgãos do nosso corpo, o cérebro passa por alterações fisiológicas com o tempo. Gradualmente, vamos perdendo neurônios — tanto que, a partir dos quarenta anos, o volume e/ou massa dos neurônios diminuem a uma taxa de 5% por década, e essa diferença aumenta após os setenta anos. Nos mais velhos, a irrigação sanguínea também diminui e os neurônios trocam mensagens mais devagar. Como as informações requerem mais tempo para serem fixadas, os idosos precisam de mais tempo para aprender ou lembrar de novas informações e realizar ações rotineiras. Mas em termos de capacidade cognitiva essa mudança não é significativa. Mesmo porque o cérebro do idoso saudável tem meios de compensar essas alterações. Todos temos mais células do que precisamos para funcionar normalmente, e essa redundância ajuda a compensar a perda resultante do envelhecimento ou de doenças. Além disso, o cérebro compensa a redução de células nervosas relacionadas à idade formando novas conexões entre as células remanescentes. Em uma recente publicação, o neurocirurgião Paulo Niemeyer Filho chama a atenção para essa capacidade "plástica" de nossos neurônios.

> Muito se fala, atualmente, da plasticidade neuronal. Há alguns anos, acreditava-se que a população de neurônios do cérebro fosse fixa desde o nascimento do indivíduo, e que, quando lesado, um neurônio perderia em definitivo suas funções.
>
> Hoje, sabemos que dispomos de células-tronco no cérebro que produzem neurônios no decorrer da vida e que o cérebro é um órgão dinâmico, capaz de se adaptar aos estímulos, criando outros circuitos e permitindo o desenvolvimento de novas habilidades. A esse fenômeno de adaptação chamamos de "plasticidade neuronal". [...] Atribui-se à plasticidade neuronal a capacidade de recuperação de algumas funções cerebrais perdidas.[3]

E mais. Algumas áreas podem produzir novas células nervosas, especialmente após uma lesão cerebral ou um acidente vascular cerebral. Essas áreas incluem o hipocampo (que é envolvido na formação e restauração de memórias) e os gânglios basais (que coordenam e controlam os movimentos).

Consequentemente, cérebros idosos saudáveis trabalham tão bem quanto os dos jovens. Aliás, a nota média está no mesmo nível da média geral da população. As pesquisas demonstram, inclusive, que algumas habilidades mentais podem melhorar com a idade, principalmente atividades que exigem planejamento, análise e organização de informações. A pessoa com mais anos nas costas adquire uma vantagem proporcionada pela quantidade de conhecimentos obtidos ao longo da vida (mais conexões neuronais), o que compensaria, inclusive, a queda na velocidade do processamento de ideias. Isso é especialmente verdadeiro em áreas que envolvem a linguagem e em tarefas que exigem cultura e vivência. "O velho sabe por experiência aquilo que os outros ainda não sabem e precisam aprender com ele, seja na esfera ética, seja na dos costumes, seja na das técnicas de sobrevivência", diz o filósofo italiano Norberto Bobbio, que por sinal morreu aos 94 anos.[4]

O psicólogo alemão Paul B. Baltes, que se notabilizou por pesquisas sobre a plasticidade da inteligência na vida adulta e na velhice, demonstrou que pessoas mais velhas ganham de todos os outros grupos de idade em atividades que envolvem inteligência emocional e sabedoria.[5] Inteligência emocional é, em linhas gerais, a capacidade de compreender as causas das emoções (amor, ódio, medo) e de desenvolver estratégias para evitar ou modular situações de conflito e suas consequências negativas.

Já a sabedoria, para Baltes, é a capacidade de compreensão e a experiência que, associadas à inteligência, trazem prudência e equilíbrio na tomada de decisões — qualidades inversas à impulsividade. Na prática, Baltes demonstrou que adultos mais velhos se saem melhor em tarefas que envolvem essas habilidades, comprovando que essas pessoas podem contribuir muito efetivamente para a criação de uma sociedade com mais conectividade e cooperação, inclusive entre gerações.

Hoje já se fala em quarta idade, ou "velhice avançada", como a fase da vida que vem depois da "velhice inicial", situada mais ou menos dos sessenta até os oitenta anos. A quarta idade tem naturalmente limitações funcionais e precisa de mais apoio e assistência à saúde para suprir as deficiências decorrentes da falta de autonomia e independência. No entanto, mesmo aos cem anos, existem pessoas que surpreendem pela conservação da saúde e da capacidade cognitiva. Mayana gosta de citar o caso de dona Eugênia Fischer, com quem passei uma manhã agradável em seu apartamento no bairro de Perdizes, quando ela tinha acabado de completar 104 anos.

Dona Eugênia mora com uma cuidadora, mas recebe todos os dias a visita dos filhos. Muito interessada e curiosa sobre os avanços da ciência, lê jornais, acompanha os noticiários da TV e, antes da pandemia da covid-19, frequentava a Faculdade da Melhor Idade da PUC-SP. Ela participa do Projeto 80mais e quer sempre saber dos avanços das pesquisas: "Eu falei para a Mayana, não te esforça muito comigo porque eu estou bem, você não vai achar nada de diferente em mim".

Outra centenária que pode ser considerada um exemplo de envelhecimento cognitivo saudável é dona Cybelle Vassinon, ex-bibliotecária e a segunda funcionária mulher a trabalhar na Bolsa de Valores de São Paulo, também participante do Projeto 80mais. No seu aniversário de cem anos, seu filho organizou uma festa para a qual Mayana e Michel foram convidados. Dona Cybelle leu um discurso escrito de próprio punho que emocionou a todos. Quando lhe ofereceram ajuda para se levantar da cadeira, recusou enfaticamente e colocou-se logo de pé. Além da parte cognitiva, também a parte motora estava preservada.

Dona Cybelle escreve poesia, gosta de ler e navega pela internet. Acompanha os jornais diariamente e recorta, assim como nos velhos tempos, as notícias que considera mais relevantes para discutir com os filhos. "A inquietação está no meu DNA", e conclui: "Só há dois dias no ano em que nada pode ser feito. Um se chama ontem e o outro amanhã".

Nas últimas décadas, com os avanços das técnicas computacionais de reconstrução de imagens e a capacidade de processar grande volume de dados de origens variadas (big data), tornou-se possível "enxergar" com mais clareza as funções do cérebro e a conectividade entre as áreas cerebrais. A isso se chama investigação de endofenótipos, ou dos padrões de atividade de substâncias neuromoduladoras que promovem as sinapses, e de variantes anatômicas e funcionais relacionadas aos mecanismos de processamento de informações no cérebro.

A interpretação desses dados — integrados a outras informações como o histórico dos pacientes, sintomas, predisposições genéticas e até questões psicológicas, sociais e ambientais — pode ajudar a predizer a possibilidade de doenças neuropsicológicas e a entender melhor a manutenção ou o declínio do estado cognitivo. Estudos populacionais de grande porte servem para construirmos modelos de progressão de envelhecimento normal ou com comorbidades.

É nisso que apostam pesquisadores como o neurorradiologista e ex-professor da Faculdade de Medicina da USP Edson Amaro Júnior. Ex-aluno de Mayana, Edson é um entusiasta da utilização de big data na saúde, sendo responsável por essa área no Hospital Albert Einstein. Foi também o coordenador científico do Instituto do Cérebro (InCe) do hospital, onde todas as plataformas de neurociências estão agrupadas. Para ele, a junção de prática clínica com a análise de dados (em imagens e de outras fontes) é a chave para a "radiologia do futuro".

Em princípio, diante do custo para montar a infraestrutura necessária, a equipe do CEGH-CEL não sonhava em utilizar neuroimagens no Projeto 80mais. Mas a repercussão do estudo acabou abrindo portas. O dr. Edson me contou que, no final de 2011, o InCe tinha acabado de adquirir um equipamento de ressonância magnética de 3 tesla, um dos métodos de obtenção de neuroimagens mais modernos do mundo, e que havia disponibilidade de agenda para sua utilização. Além disso, o hospital fazia parte do programa Cooperação Interinstitucional de Apoio a Pesquisas sobre o Cérebro (CINAPCe), financiado pela Fapesp, destinado a desenvolver novos métodos para processar e analisar imagens de ressonância magnética em neurociências.

"Foi uma combinação de oportunidades", relatou o dr. Edson em uma tarde de conversa no hospital. "Tínhamos a experiência do projeto temático da Fapesp, acesso ao aparelho, horários, precisávamos amadurecer o projeto." Ele só não contava com o alcance que tudo tomou: "Pensamos em fazer exames de ressonância magnética em cerca de cinquenta idosos, mas de repente esse número subiu para mais de seiscentos indivíduos, muitos com mais de oitenta anos". Foi aí que começou o desafio de logística com o qual pesquisadores acostumados mais à vida de laboratório não contavam.

"Como qualquer pessoa que precisou fazer uma ressonância sabe, a experiência não é confortável", contou Michel Naslavsky, o principal articulador do projeto. O aparelho de ressonância tem a forma de um grande tubo, com um espaço interno no qual o paciente entra deitado e é orientado a ficar imóvel. O espaço é apertado e o barulho, bem alto. A meia hora de duração do exame, para muita gente, é um suplício. "Entramos em contato com toda a lista de 1467 participantes envolvidos nos estudos Sabe e 80mais para fazer os exames. Contratamos uma van para buscar os idosos em suas casas. Eles chegavam e passavam por diversas etapas, preenchimento de questionários para avaliar sintomas de depressão e testes de rastreio cognitivo,[6] coleta de sangue para complementar a análise do DNA e para armazenamento do soro, além da ressonância."

Ao todo, 650 idosos estiveram no hospital e 90% (576) realizaram ao menos uma das etapas do estudo. Nem todos se voluntariaram a se submeter à ressonância. Vários disseram: "Respondo aos questionários, coleto sangue, mas entrar naquele tubo eu não entro. Tenho claustrofobia". Por isso, conseguir quase seiscentos voluntários foi um recorde.

O número de participantes é significativo, mas além disso ganhou uma particularidade que não é comum em pesquisas com neuroimagens: 30% a 40% dos idosos eram analfabetos ou analfabetos funcionais, enquanto o perfil habitual de amostras desse exame é de jovens com educação formal, em geral universitários. Por todos esses motivos, a pesquisa levou tempo. A coleta ocorreu entre o final de 2011 e a metade de 2014. Mas valeu a pena: "A qualidade dos dados e o padrão do equipamento permitem que eles sejam comparados de igual para igual com outros grandes centros de pesquisa", orgulha-se o dr. Edson.

O projeto ganhou um codinome — Octagene, uma junção das palavras "octogenário", "genética" e "neuroimagem" — e deu origem a uma base de imagens no Einstein aberta para pesquisadores do mundo todo.[7] Foram feitas imagens com informações tridimensionais de cada participante com o objetivo de verificar as estruturas neuroanatômicas, fazer medições do volume e monitorar a conectividade entre as áreas do cérebro, além de análise no estado de repouso. Tudo isso para entender como se dá o encolhimento da massa cinzenta em razão do envelhecimento ou de alguma doença neurológica em nossa população.

Os exames não eram adequados para detectar doenças, mas eventualmente poderiam apontar alterações cerebrais que indicassem algum problema clínico. Foi o que aconteceu em pelo menos um caso. "A pessoa não tinha notado, mas sofrera um AVC (acidente vascular cerebral) provavelmente poucos dias ou horas antes de fazer o exame", recordou o dr. Edson. "E como a imagem indicava que tinha acontecido num período recente, encaminhamos para ser atendida imediatamente no pronto-socorro do hospital."

Ainda será preciso coletar mais imagens para acompanhar as mudanças cerebrais desses idosos ao longo do tempo e comparar com a literatura científica. Mas já se sabe que o volume cerebral dos participantes é compatível com o de outras populações de idosos — normalmente, os adultos que estão envelhecendo perdem cerca de 2,24% do volume cerebral por ano. O estudo demonstrou diferenças na massa branca cerebral — que envolve as fibras que conectam os neurônios — que podem ser um indicador do impacto de doenças vasculares em idosos (elas de novo: hipertensão, diabetes e doenças cardíacas).

Talvez você já tenha ouvido falar nos *superagers*, ou superidosos, termo cunhado pelo neurologista Marsel Mesulan, da Northwestern University, em Boston, para se referir a pessoas com mais de 65 anos com uma agilidade mental incrível, comparável à de jovens de vinte e poucos. Pois bem, sempre que penso nos *superagers*, me lembro de um dos voluntários do Projeto 80mais. Trata-se do professor e físico José Goldemberg, na época com 88 anos e presidente da Fapesp. Não disponho dos resultados da ressonância magnética sobre o volume do cérebro do professor — e nem dos outros voluntários —, pois os dados sobre DNA não são públicos. Mas quem conhece Goldemberg sabe por que associo seu nome ao dos *superagers*.

Durante vinte anos ele foi um físico tradicional, que poderia ter permanecido no exterior trabalhando como cientista. Mas voltou ao Brasil na época da ditadura militar, opondo-se ao Programa Nuclear Brasileiro. Deu uma guinada na carreira, ao pesquisar as alternativas energéticas renováveis do país, e se tornou uma referência na área ambiental e em negociações internacionais para o combate às mudanças climáticas no Brasil e no exterior. Em paralelo, manteve a experiência acadêmica e de gestão na universidade e no campo governamental. Continua trabalhando, ganhando prêmios e escrevendo textos sobre os assuntos que domina.

"Por causa da minha carreira, as coisas não acabam", disse durante a nossa conversa. "As pessoas chamam a atenção para a minha combatividade. Acredito que é essencial para a saúde psíquica, física e mental. Perguntam como estou com essa cara ainda — não mudei em vinte anos, veja uma fotografia minha. São os desafios, sou desafiado todo o tempo."

Esse comentário bate com o que a psicóloga Lisa Feldman Barrett, colaboradora de Mesulan, acredita ser a causa do sucesso dos *superagers*. Autora do livro *How Emotions Are Made*,[8] Lisa diz que esses idosos privilegiados têm em comum o fato de, durante a vida, terem se engajado em exercícios que demandavam esforço mental. Eles continuamente se desafiaram e aprenderam novas coisas. Em consequência, os exames de ressonância magnética mostram que o cérebro deles encolhe em um ritmo mais lento do que o de pessoas da mesma idade. E algumas áreas relacionadas à memória e à motivação são mais desenvolvidas ou ativas.

Para a psicóloga, essas áreas trabalham mais quando as pessoas realizam tarefas mais difíceis, que requerem esforço. Ela diz: "Se a pessoa evita consistentemente o desconforto do esforço mental ou físico, essa restrição pode ser prejudicial para o cérebro. Todo o tecido cerebral fica mais fino por causa do desuso. Se você não o usar, você o perde".[9]

Lisa Barrett diz ainda:

O estresse contínuo, como todo mundo sabe, é tóxico para o seu cérebro. Ele literalmente corrói regiões críticas para o seu bom funcionamento. Mas isso não quer dizer que todo estresse é prejudicial para a saúde. As pesquisas sugerem que todo mundo precisa de um pouco de estresse na vida para ficar mentalmente esperto — principalmente quando ele advém de desafios. O sistema nervoso evoluiu de forma que ter pequenos picos de estresse, que é quando você sobrecarrega seu corpo e mente por um curto período, é necessário para manter o cérebro saudável à medida que você envelhece.[10]

Moral da história: a maneira mais adequada de envelhecer é não resistir aos desafios, é ter disposição para guinadas e sair da zona de conforto para se dedicar a novas habilidades. Há uma anedota sobre o famoso violoncelista Pablo Casals que resume bem isso. Quando ele tinha oitenta anos, um jovem estudante lhe perguntou por que continuava a praticar com tanto afinco. "Por quê?", respondeu Casals, "É simples. Porque quero tocar melhor!"

Essa história me lembra um comentário de outro voluntário do Projeto 80mais que, infelizmente, morreu pouco tempo depois de ser entrevistado por mim: o cardiologista Adib Jatene, um dos mais respeitados cirurgiões brasileiros, pesquisador de novas técnicas cirúrgicas e gestor público reconhecido, tendo sido ministro da Saúde em dois governos. Tinha 85 anos quando conversamos. O dr. Jatene confessou que não se sentia bem de saúde, tendo sido obrigado a parar de fazer cirurgias, mas continuava atendendo aos pacientes no Hospital do Coração (HCor) em São Paulo. Tinha reduzido sua atividade, mas fazia o que lhe era permitido com satisfação. Não gastava tempo com raiva, estresse ou amargura. Aceitava suas limitações, mas também valorizava o seu bem-estar. Escrevia artigos sobre medicina, o papel dos médicos e a saúde pública, presidia o conselho da Secretaria de Saúde de São Paulo e o conselho consultivo do Museu de Arte de São Paulo (Masp), graças a seu interesse pela arte. Não havia parado, apesar dos problemas de saúde.

Seu lema, revelou, era: "Se tiver que fazer uma coisa, faça bem-feito". Sua receita de saúde era: em primeiro lugar cuidar do corpo por meio de medidas rotineiras como manter o peso, não fumar, controlar a pressão e o estresse da vida moderna. Em seguida, se ocupar de coisas que lhe traziam realização, significado e benefícios para a alma. Pretendia usufruir de uma vida plena, das amizades e ter independência até o limite em que as circunstâncias lhe permitissem. Talvez essa também seja uma das receitas dos *superagers*.

7. Memória: modo de usar

Você encontra uma pessoa e não lembra o nome dela. Não sabe onde largou as chaves de casa, a carteira ou os óculos. Vai ao supermercado e esquece de comprar alguma coisa. Parece familiar? Sim, dez entre dez pessoas já passaram por situações semelhantes. A boa notícia é que, embora seja incômodo, esse esquecimento é absolutamente normal e até saudável. Em geral, é um mecanismo de eliminação natural de informações irrelevantes, sem o qual viveríamos com uma sobrecarga do sistema nervoso. Também pode ser por estresse, excesso de trabalho, ou simplesmente porque você está preocupado com outra coisa.

Mas, enquanto a tendência geral é considerar desligado ou distraído o jovem que não se lembra de algo, o idoso é logo tachado de caduco. Será que é isso mesmo? A perda de memória não pode ser associada somente ao envelhecimento. Existem pessoas com 85 ou noventa anos com memória notável, enquanto outras apresentam alterações muito mais cedo. Sem contar que o idoso pode ter um desempenho melhor que o jovem, principalmente no que se refere a lembrar de fatos passados. E as reservas de conhecimento e a experiência ajudam a compensar eventuais momentos de dispersão.

Mas também é verdade que, com a idade, os idosos têm mais dificuldade para lidar com a memória recente ou demoram mais tempo para restabelecer uma lembrança relacionada ao curto prazo. Por exemplo, saber onde estacionou o carro. E esses esquecimentos podem ser ampliados — os famosos "brancos" — em função de ansiedade, estado de saúde precário, desvalorização social ou depressão. A memória está relacionada às emoções, ao autoconceito, à autoestima e aos sentimentos — uma emoção pode fixar uma memória ou fazer exatamente o oposto, escondê-la.

A falta de memória pode dificultar a autonomia e trazer insegurança no dia a dia. Participar de atividades sociais, trabalhar e ter interesse pelo que acontece em volta ajuda a recordar fatos recentes. Ficar desanimado, solitário e ter uma vida sedentária, além de acelerar o envelhecimento, leva aos esquecimentos e transtornos cognitivos relacionados à memória.

Um dos maiores especialistas em memória, Iván Izquierdo, médico neurocientista argentino radicado no Brasil e autor do livro *A arte de esquecer*, além de muitos outros, explica que não se deve confundir a chamada síndrome amnésica benigna dos idosos com as demências.[1] A primeira resulta provavelmente da diminuição relativa do número total de neurônios e/ou da menor velocidade do fluxo sanguíneo regional do cérebro. Consiste em leves disfunções na evocação (recordação) de memórias, principalmente recentes. A causa principal talvez não seja tanto orgânica, mas emocional.[2]

Ocorre que, à medida que os anos passam, o número de memórias se torna cada vez maior. Não se trata de um estoque cumulativo, mas dinâmico e seletivo. Ou seja, ninguém guarda tudo, só aquilo que de alguma forma lhe interessa ou considera importante. Vale ler o conto de Jorge Luis Borges "Funes, o memorioso", sobre um camponês que, após um acidente, adquire memória absoluta: ele não consegue mais viver em paz, porque se lembra de cada detalhe de tudo o que já viveu, e isso o impede de pensar livremente.

Em *O tempo da memória*, Norberto Bobbio lembra que o mundo dos velhos, de todos os velhos, é o mundo da memória. "Somos aquilo que lembramos", diz ele.[3] Iván Izquierdo acrescenta que o idoso prefere se lembrar de acontecimentos do passado — aqueles que Borges chamava "da felicidade" — porque eles se referem a um período em que suas capacidades física e afetiva eram maiores e ele ainda não havia sofrido as agruras do tempo. Já o escritor Marcel Proust transformou sua profunda reflexão sobre a memória em literatura ao relatar a epifania das *madeleines* no primeiro volume de *Em busca do tempo perdido*. Ao levar a iguaria à boca, entre goles de chá, sentiu-se transportado, sem querer, para seus tempos de menino, em Combray, na França.

No mesmo instante em que esse gole, misturado com os farelos do biscoito, tocou meu paladar, estremeci, atento ao que se passava de extraordinário em mim. [...] De súbito, a lembrança me apareceu. Aquele gosto era o do pedacinho de *madeleine* que minha tia Léonie me dava aos domingos pela manhã em Combray (porque nesse dia eu não saía antes da hora da missa), quando ia lhe dar bom-dia no seu quarto, depois de mergulhá-lo em sua infusão de chá ou de tília.[4]

Há definição melhor?

Dormir bem também é um santo remédio para a memória. O sono profundo ajuda o cérebro a armazenar e fixar novos fatos e informações. Mas, como todo mundo que teve que fazer uma prova depois de uma noite maldormida sabe, o contrário também acontece. As consequências são a diminuição de concentração, atenção e planejamento, a sensação de cansaço e modificações no humor. Diversos estudos apontam que a qualidade do sono dos idosos, muitas vezes comprometida, é um fator importante para a restauração da memória. Quando o sono é interrompido, ocorrem as perdas neuronais que acabam levando às confusões e aos esquecimentos.

Até aqui estamos falando de esquecimentos normais ou que podem ser evitados.

São diferentes daqueles que ocorrem em consequência de doenças degenerativas, chamadas demências (literalmente, perda da mente), que provocam perda progressiva ou aguda de memória, mas também dificuldade de raciocínio e de linguagem. Essas doenças estão relacionadas a lesões cerebrais que matam sinapses e células nervosas e são provocadas por alterações metabólicas que ocorrem em determinados genes. Esses genes começam a não se expressar corretamente e produzem proteínas alteradas. A mais conhecida das demências é o mal de Alzheimer, que acomete em geral pessoas com mais de 65 anos, apesar de os mecanismos desencadeadores começarem a ocorrer bem antes, sem que a pessoa ou seus familiares normalmente se deem conta.

Um dos grandes desafios das próximas décadas será o de enfrentar o aparecimento dessas demências, em um mundo em que o número de idosos só cresce e o risco de desenvolver essas enfermidades dobra a cada dez anos a partir dos sessenta anos. Segundo esses cálculos, o número de doentes deve triplicar até 2050 (de 50 milhões para 152 milhões). Quase 10 milhões de pessoas desenvolvem demência a cada ano, 6 milhões em países de baixa e média renda,[5] entre os quais o Brasil, que não está preparado para assumir os gastos necessários para tratar essas pessoas e não tem orientação e estrutura para oferecer cuidados adequados a elas, muitas desassistidas e dependentes de ajuda, principalmente de familiares.[6]

A equipe de pesquisadores do CEGH-CEL desenvolveu um trabalho colaborativo com o Banco de Encéfalos Humanos (BEH) da Faculdade de Medicina da USP. Criado em 2003, o BE tem o objetivo de investigar o envelhecimento cerebral por meio das autópsias dos cérebros de idosos doados por familiares através do Serviço de Verificação de Óbitos da Capital (Svoc). Os cérebros que constam do banco são avaliados no Laboratório de Fisiopatologia do Envelhecimento, onde passam por exames que determinam se tinham lesões cerebrais, como aquelas associadas ao Alzheimer ou outras doenças neurodegenerativas.

Foi com o auxílio desse banco que a médica e professora de geriatria Claudia Kimie Suemoto, também da Faculdade de Medicina da USP, demonstrou que a proporção de casos de demência causados por problemas vasculares (como derrames) no município é maior do que em alguns países. São casos que poderiam ser evitados com tratamentos preventivos contra hipertensão, diabetes e até obesidade, o que bate com os dados obtidos pelas pesquisas do Octagene e do Sabe.[7]

O geneticista David Schlesinger, que foi aluno de doutorado de Mayana no CEGH-CEL, colaborou com a genotipagem do Apoe, o gene mais frequentemente associado ao Alzheimer tardio. Esse gene, situado no cromossomo 10, codifica a apolipoproteína E, envolvida no transporte de lipídeos, entre eles o colesterol, e, portanto, relacionada a doenças cardiovasculares.[8] O gene Apoe pode se apresentar com diferentes variantes ou alelos, chamados de E2, E3 e E4 — do mesmo modo que os alelos dos grupos sanguíneos, os conhecidos tipos A, B, AB e O. No caso dos grupos sanguíneos, o tipo específico só é importante se houver necessidade de uma transfusão. No caso dos alelos da Apoe, é diferente. O E3 — que mais de 75% das pessoas portam — parece não ter influência para o desenvolvimento da demência, mas quando o

E4 está presente, e principalmente se a pessoa tiver esse alelo em dose dupla (E4E4), o Alzheimer é mais frequente.

Nesses casos, pode ocorrer o acúmulo no cérebro de placas formadas pela proteína beta-amiloide, que impedem a transmissão de sinapses, prejudicando a atividade neural. Outra alteração é o acúmulo anormal da proteína Tau no interior dos neurônios, o que transforma as conexões em uma massa caótica e retorcida. Impedidos de manter as sinapses por causa da doença, os neurônios atrofiam e morrem, com redução progressiva do volume cerebral.

Entretanto, apesar das inúmeras pesquisas, ainda não se sabe se o acúmulo de placas amiloides é o que causa a demência ou, ao contrário, se é a perda dos neurônios que seria responsável pelo acúmulo de placas. Uma estratégia defendida por Mayana é investigar as exceções. Nesse sentido, uma pesquisa muito interessante realizada em uma família colombiana com inúmeras pessoas afetadas por uma forma hereditária de Alzheimer identificou uma mulher que pode abrir novos caminhos terapêuticos.[9] Essa senhora, apesar de ter a mutação responsável pela forma precoce de doença presente entre seus familiares, chegou aos setenta anos sem apresentar sinais de demência — mesmo tendo acúmulo de placas amiloides. A surpresa é que ela tem uma mutação em outro gene raríssimo, que pode ser um "gene protetor". Novas pesquisas debruçam-se agora sobre esse suposto "gene protetor" e qual seria o seu mecanismo de ação.

Para complicar ainda mais, a presença do E4 não é em si condição suficiente ou indispensável para o desenvolvimento do Alzheimer — apenas mostra um aumento de suscetibilidade à doença. Há muita gente que possui essa variante e não terá Alzheimer, enquanto há quem não a tenha e ainda assim desenvolverá esse mal. Além disso, não há garantia de que o grupo que tem a Apoe3 ou a Apoe2 esteja imune. Na verdade, existem inúmeras outras causas relacionadas (os vilões de sempre: alcoolismo, diabetes, estresse, colesterol alto) que podem provocar os sintomas.

Em sua tese de doutorado, desenvolvida no CEGH-CEL em colaboração com o grupo de pesquisadores do BE, David Schlesinger demonstrou que, ao contrário de estudos prévios, a ancestralidade africana pode ser um fator de proteção para a neuropatologia do Alzheimer.[10] Mais uma vez, fica patente a importância de conhecermos melhor o DNA de nossa população. Com a conclusão, em setembro de 2020, do estudo genômico dos idosos do Sabe, aumentou o interesse em se estudar os genomas das pessoas falecidas que compõem o banco de cérebros. Trata-se da amostra ideal para comparar os genomas de quem se manteve saudável após os oitenta anos com os de quem morreu precocemente e de morte natural.

Com tantas variáveis envolvidas (ambientais e genéticas), dá para entender por que Mayana não recomenda que se faça o teste de identificação de genotipagem para checar se existe predisposição ao Alzheimer, a não ser nos casos de doença precoce em que a pessoa esteja sob risco de transmitir a mutação para a sua descendência.[11] "A verdade é que todos nós corremos o risco de ter Alzheimer. Mas, se a pessoa souber que tem predisposição genética, cada pequeno esquecimento será visto como um sintoma", afirma Mayana.

Como já vimos, estímulos cognitivos novos contribuem para criar conexões alternativas entre os neurônios, algo que compensa, ao menos em parte, a perda das células nervosas por doença ou envelhecimento. Há um trabalho, conhecido como "Estudo das Freiras", conduzido pelo epidemiologista David Snowdon, que correlaciona a versatilidade linguística na juventude (a riqueza vocabular quando as freiras ingressaram na irmandade) com a capacidade mental na idade avançada. O estudo incluiu revisões de ensaios autobiográficos das freiras ao aderirem à ordem, testes de memória e cognitivos e exames post mortem de seus cérebros. As autópsias do cérebro mostraram que algumas das irmãs tinham sinais anatomopatológicos de Alzheimer, mas quando vivas não apresentavam nenhum sintoma e permaneciam mentalmente ativas, o que sugeria que atividades intelectualmente exigentes podem mitigar os efeitos das lesões cerebrais provocadas pela doença e promover a plasticidade cerebral.[12]

Ou seja, o alto desempenho intelectual pode retardar o aparecimento de Alzheimer em pessoas com suscetibilidade genética aumentada, mas também não garante que isso não vá ocorrer. Há inúmeros exemplos, como o do escritor Gabriel García Márquez e o da primeira-ministra britânica Margaret Thatcher, para citar personalidades conhecidas, que morreram em idade bem avançada e tiveram diagnosticada a doença. Será que eles apresentariam uma manifestação mais precoce se não tivessem a bagagem intelectual que os tornou famosos? Entre os voluntários do Projeto 80mais, pelo menos uma pessoa apresentou os sintomas quatro anos depois de ter o seu DNA coletado.

Apesar de tudo, o risco de desenvolver demências é significativamente mais baixo entre pessoas que mantêm atividades intelectuais diárias ou mentalmente desafiadoras. O estudo com idosos realizado pelo CEGH-CEL não é específico para demências, mas os testes demonstraram uma tendência a melhores prognósticos no grupo dos 80mais em relação à amostra do Sabe, ainda que na década de vida após os noventa a probabilidade de aparecimento de doenças neurodegenerativas seja desfavorável nos dois grupos.

Como se trata de um estudo demográfico, os idosos do Sabe apresentam uma proporção de cerca de 30% de pessoas que não sabem ler ou são analfabetos funcionais, ao contrário dos 80mais, em que 90% dos participantes apresentavam boa capacidade cognitiva, alta escolaridade e melhor nível socioeconômico. Porém, como os questionários de declínio cognitivo não são adequados para uma população com uma proporção relativamente grande de analfabetos, e como também não existem normatizações por nível de escolaridade, esse resultado ainda precisa ser aprimorado.

Ler, estudar e aprender coisas novas é uma receita para o cérebro funcionar melhor, mas outras atividades também podem contribuir para manter a cabeça em ordem. Está provado que, mesmo analfabeta, quanto mais uma pessoa interage com o ambiente, mais capaz se torna de criar novas conexões entre os neurônios (sinapses) e desenvolver a memória, a linguagem, a atenção, a criatividade e outros processos cognitivos, bem como capacidades emocionais e habilidades sociais. Mesmo que parte dos idosos do Sabe não tenha tido oportunidade de frequentar a escola regularmente ou que passe pelos muitos apuros conhecidos na realidade brasileira, ter uma vida longa em meio às adversidades exige que o cérebro trabalhe muito — e bem.

Dos voluntários do Projeto 80mais, ainda que todos chamem a atenção pela capacidade incrível de raciocínio, gostaria de destacar três participantes por motivos que eu relaciono às profissões que escolheram. A primeira deles foi a grande dama dos palcos Beatriz Segall, a inesquecível Odete Roittman da novela *Vale Tudo*, que morreu quatro anos depois de nossa entrevista.

No depoimento que Beatriz deu ao 80mais, ela falou um pouco de sua trajetória no teatro, cinema e televisão e explicou que a forma de atuar de sua geração diferia muito da dos tempos atuais. "Até os anos 1960, 1970, os atores estudavam muito", comentou. "Agora, eu acho que estudam menos." Para ela, esse esforço favoreceu a harmonia do corpo, da fala, dos sentidos e das emoções, mas também a concentração e o apelo constante à memória. Essa dedicação parece explicar por que tanto Beatriz

Segall como outros ícones do teatro e da televisão que chegaram aos oitenta anos ou mais — Fernanda Montenegro, Nathalia Timberg, Eva Wilma, Laura Cardoso, Lima Duarte, Irene Ravache — não apresentaram problemas funcionais ou cognitivos na velhice. Aliás, a tese não é minha, mas do neurocientista Iván Izquierdo. Para ele, professores e atores são, por motivos profissionais, as pessoas que têm melhor memória quando envelhecem.

Beatriz Segall ficou conhecida por ser muito exigente consigo mesma e ter tido uma vida bastante movimentada. Também estudou muito: filosofia e línguas neolatinas, além de dois cursos na Sorbonne, um de teatro e outro de língua e literatura francesas. É mais um ponto — ou vários — a seu favor. O cérebro de uma pessoa "mente aberta" tem mais capacidade de se reorganizar e funcionar de modo mais eficiente, além de encontrar formas criativas de contornar os problemas e refletir sobre o momento. Esse conceito embasa o que os neurocientistas chamam de reserva cognitiva, que é a capacidade do cérebro de armazenar as habilidades adquiridas ao longo da vida. Ler e não desistir de aprender coisas novas está na raiz dessa capacidade.

Outro destaque do Projeto 80mais é a já mencionada professora Cleonice Berardinelli, referência em estudos da literatura portuguesa. Quem não se lembra dela declamando poesias de Fernando Pessoa com Maria Bethânia na Flip de 2014? Ela encantou a mim e a Mayana quando tinha 97 anos, na conversa que tivemos em seu apartamento em Copacabana, no Rio de Janeiro. Cercada por seus livros e plantas, ela respondeu ao questionário, fez os testes de memória e doou uma amostra do seu DNA.

"Minha memória desde criança era excepcional mesmo, porque meus irmãos nunca tiveram a mesma facilidade de decorar sonetos difíceis", comentou. "E eu nunca fiz esforço para declamar poesia. A poesia tem ritmo e eu tenho um bom ouvido."

Aqui vale uma reflexão. A poesia é uma expressão literária muito especial, que transmite emoções e ideias, enriquece o vocabulário, além de possuir estruturas sintáticas complexas, difíceis de encontrar na prosa e na comunicação cotidiana. Um estudo realizado no Reino Unido com especialistas em psicologia, literatura e neurociência da Universidade de Liverpool demonstrou que a atividade cerebral "dispara" quando o leitor encontra palavras incomuns ou frases com uma estrutura semântica complexa, mas não reage com a mesma intensidade quando esse mesmo conteúdo é lido numa versão traduzida para a "linguagem coloquial".[13]

À medida que a pessoa desenvolve a prática de memorizar e recitar poesias, ela treina também a discriminação auditiva, ao utilizar palavras de sons parecidos mas sentidos diferentes. Também aprimora a noção de ritmo, entonação e expressão corporal. Segundo os especialistas, são habilidades que ajudam no aprendizado de línguas, de matemática, na compreensão dos textos lidos e na comunicação eficiente. Tanto que na Inglaterra e nos Estados Unidos se desenvolvem projetos de poesia como forma de terapia para reduzir o isolamento e reforçar o estímulo social e intelectual em pacientes de Alzheimer.[14]

O mesmo se pode dizer da habilidade de traduzir literatura para outra língua, uma das principais atividades de outra voluntária do Projeto 80mais que chamou a atenção por sua memória: a crítica teatral Bárbara Heliodora, que também foi professora de pós-graduação na Escola de Comunicações e Artes da USP e no curso de mestrado em teatro na UniRio. Bárbara formou toda uma geração de atores, diretores e técnicos. Morreu em 2015, aos 91 anos. Fomos entrevistá-la em sua casa no Cosme Velho, no Rio de Janeiro, quando ela comentou sobre sua boa memória: "Minhas filhas me chamam de lista telefônica. É uma coisa que acontece, eu nasci assim, não faço nada de diferente".

Novamente, pausa para reflexão: a ciência estuda há vários anos como a aquisição de outros idiomas influencia o aprendizado, o comportamento e a própria estrutura do cérebro. Pessoas bilíngues, mesmo com pouca escolaridade, apresentam sintomas de Alzheimer e outras demências mais tarde do que aquelas que falam apenas uma língua. É fácil de compreender: um idioma não se resume à gramática e ao vocabulário. Quando se lê um livro em outro idioma, o texto não apresenta apenas um conteúdo, mas uma forma de expressão de outra realidade.

Bárbara aproveitou o seu conhecimento profundo sobre teatro e sobre a língua inglesa (fez o bacharelado em língua e literatura inglesas no Connecticut College, nos Estados Unidos, e doutorado em artes na USP) para se dedicar à tradução das obras de Shakespeare, além de vários outros autores. Como bilíngue, seu cérebro era constantemente desafiado de modo a aumentar sua capacidade de interpretar significados e solucionar problemas, inclusive aqueles não relacionados a idiomas.

"Eu gosto de traduzir, faço decassílabos, rimo onde tem rima, e não sei se já li tanto Shakespeare que o ritmo me vem muito fácil ao ouvido", disse na nossa conversa. "Shakespeare brinca com o sentido, a forma e o ritmo das palavras. Se não puser o mesmo número de sílabas na fala de Macbeth para dar o ritmo, não vamos conseguir sublinhar o pensamento na memória", explicou. "Tentar fazer o que ele fez e passar o seu significado para o português é ainda mais desafiador porque o inglês é uma língua mais compacta, mas eu me divirto fazendo isso, acho um ótimo exercício."

8. *Mens sana in corpore sano*

Levante a mão quem nunca sonhou com aquela imagem clássica: depois de uma vida dura de trabalho, ganhar o tão almejado prêmio de não fazer absolutamente nada. Esqueça essa imagem. Quem pretende chegar bem ao final da vida, sem doenças, queixas ou dores deve sonhar exatamente com o contrário. Ou seja, deve manter-se ativo — mesmo com a necessidade de ficar em casa e evitar aglomerações durante a pandemia do novo coronavírus.

Em qualquer idade, o exercício físico é a forma mais eficaz, mais benéfica, mais simples e mais segura de resistir ao envelhecimento e às doenças. Há várias explicações para isso. Uma delas sugere que nossos ancestrais, durante milhares de anos, foram beneficiados por um genoma voltado para o movimento, necessário para conseguir alimento e então armazenar energia para os períodos de privação. A pressão criada pelo ambiente ao longo de milhares de anos levou à transmissão desses genes — que os cientistas chamam de "poupadores" (genótipo poupador ou *thrifty genotype*) — para as gerações atuais.

Com o advento das revoluções industriais e tecnológicas, a situação mudou. O alimento tornou-se mais disponível e abundante.

A atividade física, tão importante nos tempos remotos, deixou de parecer indispensável. Os substratos que geram energia para as células (carboidratos, gorduras e proteínas), estocados no músculo esquelético e no tecido adiposo, tornaram-se estáveis e de níveis elevados. A facilidade de conseguir alimento (nem sempre saudável) fez aumentar a ingestão diária de calorias além daquelas necessárias. A preguiça e a acomodação ganharam espaço no cotidiano.

Vale relembrar uma das causas do envelhecimento de que já falamos aqui: a redução dos telômeros, aquelas sequências de DNA que estão nas extremidades dos cromossomos configuradas de modo a impedir que eles sofram danos. A cada divisão das células, os cromossomos perdem parte dos telômeros até que estes ficam tão pequenos que seus mecanismos de reparo não são mais capazes de proteger o DNA, então as células param de se reproduzir, alcançam um estado de "velhice" e morrem. Pois bem, os pesquisadores descobriram que o estilo de vida sedentário tem efeito até mesmo no comprimento dos telômeros.

Ganhadora do prêmio Nobel de Medicina, a bióloga norte-americana Elizabeth Blackburn descobriu que, para manter os telômeros, as células precisam produzir uma enzima protetora chamada telomerase. O estresse, por exemplo, reduz o tamanho dos telômeros justamente porque diminui a atividade da telomerase. Quem vive estressado tende a ficar com os telômeros mais curtos. Em seu livro *O segredo está nos telômeros*, Blackburn, que é pesquisadora da Universidade da Califórnia, em San Francisco, e a psicóloga Elissa Epel, da mesma instituição, afirmam que a alimentação, o nível de atividade física, saúde mental e até as relações sociais influenciam o comprimento dos telômeros e, por extensão, a qualidade e a expectativa de vida.

Mais recentemente, colegas da bióloga no campus de San Diego da mesma universidade buscaram associar o comprimento dos telômeros com a prática de atividade física de mulheres entre 64 e 95 anos que participaram de um estudo investigativo de doenças crônicas após a menopausa. Os resultados mostraram que as mais sedentárias (ficavam sentadas por pelo menos dez horas por dia) e que não praticavam trinta minutos de atividade física diariamente tinham telômeros menores do que as mais ativas. Esse encurtamento, de acordo com a pesquisa, equivale a uma diferença de oito anos na idade biológica ou celular.[1]

Estudo da OMS mostrou que mais de 25% da população mundial (1,4 bilhão de pessoas) é sedentária e, portanto, candidata ao grupo de risco de doenças que mais matam e debilitam: enfermidades cardiovasculares, diabetes, demências e alguns tipos de câncer. O Brasil não fica atrás: é o país latino-americano mais sedentário na lista da OMS. Quase metade dos brasileiros pratica menos atividade física do que deveria para manter a saúde — 53,3% das mulheres e 40,4% dos homens admitem não praticar nenhuma atividade física.[2]

Isso tem uma explicação. A OMS salienta que, em países com um processo de urbanização muito rápido e caótico, a inatividade física é maior. E não só por falta de informação ou acomodação. As más condições de moradia e de trabalho, a falta de parques e áreas verdes, a insegurança social, as calçadas irregulares e pouco iluminadas, o tráfego intenso e a baixa qualidade do ar acentuam o problema. Some-se a isso que a taxa global de obesidade no mundo disparou, e o Brasil segue na mesma direção. A principal razão para o aumento de peso, principalmente na população mais jovem, é o consumo de alimentos industrializados ricos em açúcar e gorduras trans/saturadas, e a falta de uma dieta equilibrada.

Muitas limitações atribuídas à idade são consequência da acumulação, a longo prazo, dos efeitos do sedentarismo, da má alimentação, do consumo excessivo de álcool, do tabagismo e de outras condições insalubres. Doenças evoluem durante anos praticamente sem sintomas ou consequências aparentes, mas o acúmulo de danos vai se manifestar depois dos sessenta ou setenta anos. Mesmo nesses casos, independentemente de quais são as doenças crônicas envolvidas, é o grau de perda da capacidade funcional, seja por limitações físicas ou mentais, que irá determinar quem terá um envelhecimento saudável — ou não.

A progressiva redução da mobilidade que caracteriza boa parte dos idosos é um dos motivos para o aumento da perda de massa muscular que ocorre no processo de envelhecimento, e, somada a outros fatores, pode levar a um quadro grave e sem volta da sarcopenia.[3] As limitações funcionais que ela acarreta reforçam o estereótipo daquela figura de bengala nos ícones de cidadãos com mais de sessenta anos. O mesmo fenômeno pode ser observado nos astronautas que passam longo tempo nas estações espaciais. Sem a resistência gravitacional, o corpo não enfrenta dificuldades para realizar tarefas motoras, o que enfraquece músculos e ossos. Daí a necessidade de exercícios constantes.

Esses são problemas que a fisioterapeuta Telma Busch conhece muito bem. Depois de trabalhar mais de vinte anos no Hospital Albert Einstein, ela hoje se especializou em reabilitação de pacientes graves, principalmente de idosos e pacientes com doenças incapacitantes. O seu objetivo é permitir que essas pessoas mantenham uma boa qualidade de vida mesmo tendo algum grau de perda funcional, como diminuição de vigor, força, disposição e velocidade de reação.

Telma participou do Octagene pesquisando a correlação de marcadores cognitivos obtidos nos exames (espessura e volume do córtex) de ressonância magnética com a força muscular dos membros inferiores, risco de queda e destreza manual resultantes de testes de fragilidade associados ao envelhecimento fisiológico dos participantes do Sabe e do Projeto 80mais. Por que isso?[4]

Estudos com base em ressonância magnética e análises bioquímicas demonstram que a atividade física pode influenciar também o desempenho cognitivo. Suar a camisa estimula a liberação de uma proteína chamada BDNF (sigla em inglês para Fator Neurotrófico Derivado do Cérebro), que promove a multiplicação de neurônios e suas ramificações, facilitando as sinapses — ou seja, a passagem e o armazenamento de informações —, consequentemente melhorando o aprendizado e a memória. De quebra, a BDNF age como um antidepressivo natural, ameniza os efeitos negativos do estresse e protege o cérebro das doenças neurodegenerativas.

O exercício físico também estimula a liberação do VEGF (sigla em inglês para Fator de Crescimento Endotelial Vascular), proteína que promove a angiogênese — leia-se, o processo de formação de novos vasos sanguíneos, inclusive cerebrais. Esse aumento do fluxo sanguíneo cerebral reforça o desempenho cognitivo e pode ajudar a preservar as pessoas por mais tempo nos estágios iniciais do Alzheimer. E, claro, também é benéfico para outros órgãos, como o coração.

É o que defendem pesquisadores do Laboratório para a Mobilidade e Neurociência Cognitiva no Envelhecimento, da University of British Columbia, no Canadá.[5] Eles focaram seus estudos no papel do treinamento e da atividade física na melhoria da saúde e qualidade de vida dos adultos mais velhos, em particular aqueles com demência e comprometimento cognitivo. Após comparar o efeito de um cotidiano sedentário com outro mais ativo, concluíram que tanto modalidades aeróbicas (caminhadas, bicicleta) quanto a musculação contribuem para dar mais destreza ao cérebro. E, apesar de as primeiras modalidades parecerem ligeiramente mais eficazes, a combinação das duas trouxe resultados mais promissores.

Em seu trabalho de fisioterapeuta, Telma Busch vai na mesma direção, utilizando o método de reabilitação neurocognitiva desenvolvido primeiramente na Itália, na década de 1970, pelo neurologista Carlo Perfetti e seus colaboradores.[6] O método não considera o movimento como resultado apenas de simples contração muscular, mas uma ativação muito mais complexa que nasce no cérebro. Dessa forma, o processo de recuperação não é centrado apenas no reforço muscular, mas também no estímulo dos circuitos neuronais, levando em conta percepção, atenção, memória e linguagem, que também têm influência sobre o movimento.

O mais óbvio e significativo efeito do exercício aeróbico (aquele que usa o oxigênio no processo de geração de energia dos músculos) é o aumento da capacidade cardiorrespiratória, fortalecendo o músculo cardíaco, além de redução da pressão arterial, aumento dos níveis de HDL (colesterol bom), diminuição dos níveis do LDL (colesterol ruim) e melhora na circulação sanguínea, o que traz menos riscos de acidentes vasculares cerebrais. O exercício também é uma forma eficaz de prevenir complicações do diabetes e de controlar os níveis de glicemia, pois estimula a produção de insulina e facilita o seu transporte para as células.

A diminuição da força muscular dificulta o equilíbrio e a posição ereta, além de resultar em perda da coordenação dos reflexos. Em consequência, a marcha se torna mais incerta, perde-se a agilidade para sentar e levantar. A rigidez das articulações das mãos e dos ombros dificulta a ação de segurar e manipular objetos; as alterações na coluna vertebral impedem a locomoção, ou pelo menos a limitam. Tudo isso aumenta o risco de quedas e tombos, que são a principal causa de acidentes e de incapacitação funcional de dez entre dez idosos.

Lesões resultantes de quedas são um problema de saúde pública e de grande impacto social. Por sua grande incidência, geram altos custos assistenciais. Aproximadamente 30% das pessoas com mais de 65 anos caem pelo menos uma vez por ano, e metade delas de forma recorrente.[7] Esse tipo de ocorrência por si só já é um problema, mas tem como consequências, além de possíveis fraturas e do risco de morte, a necessidade de hospitalização, o medo de cair novamente e a perda da autoconfiança. É comum que, depois de um tombo, a pessoa mais velha passe a restringir suas atividades e o campo de locomoção. É o pesadelo de voltar a cair gerado pela percepção da perda de capacidade do corpo e pela sensação de vulnerabilidade.

Quando a mobilidade e a força muscular ficam comprometidas, praticar exercícios apropriados ajuda a melhorar a resistência e a disposição, além de gerar mais confiança e independência. Vale a máxima de que nunca é tarde demais para começar, embora seja verdade que quanto mais jovem, melhor. Cabe dizer que exercícios apropriados não precisam ser apenas as atividades planejadas, estruturadas e repetidas das academias ou os esportes praticados por atletas. Há muitas formas de movimentar o corpo, como caminhar, passear com o cachorro, executar tarefas domésticas, brincar com as crianças, dançar. Lembrando que a atividade escolhida não pode representar um perigo e deve ser feita com toda a segurança e com controle médico, visando os benefícios que se pretende obter.

Quem pode falar de cátedra sobre isso, além de ser ela própria um exemplo, é outra de nossas voluntárias do Projeto 80mais: a bailarina Ruth Rachou. Ela é a prova viva de que o trabalho com o corpo é fundamental para o envelhecimento ativo e a conservação da capacidade cognitiva. Aos noventa anos, homenageada por seus inúmeros admiradores, Ruth Rachou deixou de pisar no palco profissionalmente, mas grande parte do seu legado continua com o filho Raul, que tem a mesma formação da mãe.

Ela conta que começou no balé clássico, mas logo procurou outras manifestações de sua arte. A busca a levou a conhecer o trabalho da bailarina e coreógrafa Martha Graham e de outros coreógrafos norte-americanos que adotavam uma linguagem corporal mais livre, incorporando à dança aspectos cognitivos e emocionais. Para os iniciados, essa forma de dança, que chama a atenção pela criatividade e consciência espacial, ajuda a melhorar a postura, corrigindo o relaxamento das costas e dos ombros, além de desenvolver a musculatura, aumentar a capacidade respiratória e dar segurança aos movimentos.

Pesquisadores alemães demonstraram, em um estudo publicado em 2017, que a prática da dança é mais efetiva sobre o desempenho motor e cognitivo do que muitos exercícios físicos.[8] Ao analisar imagens das áreas cerebrais ativadas dos dançarinos profissionais e amadores, eles verificaram que essa forma de exercício produz efeitos ainda mais significativos nas funções cognitivas (córtex cerebral) relacionadas à memória e à orientação espacial, muitas vezes afetadas no processo do envelhecimento.

De forma pioneira, Ruth abriu sua escola, trabalhando a expressão corporal, aglutinando artistas de várias áreas ligadas à dança e ao teatro — atores, bailarinos, artistas plásticos, arquitetos, músicos — que, depois de alguns anos, desenvolveram carreiras próprias. Paralelamente, se dedicou ao ensino de pilates, técnica que ela ajudou a difundir no Brasil e que aplicou na dança. Pilates hoje é indicado para melhorar o desempenho funcional dos idosos, ao permitir maior independência motora e flexibilidade. Por isso mesmo, Ruth mantém essa prática com o filho Raul.

"Faço os exercícios que todo mundo faz. Claro que tem algumas coisas que não posso mais fazer, abusar não é necessário", disse em nossa conversa. "Naturalmente, você vai perdendo a força, faz parte do envelhecimento. Mas você pode lutar contra isso ao se manter o tempo inteiro em atividade. E não adianta ter um corpo ativo se a cabeça não funciona. Tenho muito interesse por livros, gosto de criar danças, escolher as músicas, e trabalho com a cabeça. Isso faz com que eu queira ir sempre em frente e tenha planos. Não sou psicóloga, mas as pessoas que param e não fazem mais nada — dizem 'estou aposentada' — começam a enfraquecer e acabam deprimidas. Então, estou sempre na ativa."

9. É preciso saber viver

Qual é a melhor idade? Pode ser qualquer uma — vinte, quarenta, sessenta ou oitenta anos. A melhor idade é aquela em que se está em paz consigo mesmo, com a vida e com as pessoas que se ama. Os japoneses têm um termo que pode explicar melhor esse sentimento: *ikigai*. Ele indica a habilidade de identificar um sentido para a vida, aquilo pelo qual vale a pena viver, mesmo diante da adversidade. Além disso, há o sentimento de pertencimento, a consciência de ser importante para a família, os amigos, para a sociedade. Vale prestar atenção nisso: afinal, é no Japão, particularmente na ilha de Okinawa, que os pesquisadores identificaram uma das populações mais longevas, com menor taxa de doenças e a melhor qualidade de vida e bem-estar do planeta.

É bom que se diga: a velhice — ou a terceira e quarta idades — não é uma cisão em relação às idades anteriores. É uma continuação da infância, da adolescência, da juventude e da maturidade, que podem ter sido vividas de diversas maneiras. Envelhecemos como vivemos, nem melhor nem pior. É provável que um jovem sociável, afável, criativo não vá se transformar num velho ranzinza, mesquinho e conformista. Não existe velho chato, mas pessoas chatas que possivelmente foram chatas a vida inteira. A mudança de comportamento não reflete a idade, mas as circunstâncias que acompanharam o indivíduo ao longo da vida e a forma de enfrentá-las.

Convenhamos que, nessa encruzilhada demográfica em que vivemos, reconhecer-se velho em um país que se acredita jovem não é fácil. Um problema detectado no Projeto 80mais deriva do fato de que todos os sentimentos em relação à idade avançada foram fornecidos por idosos privilegiados, cujo entorno favorece o seu desempenho, compensando as deficiências associadas à idade. Mas o fato é que existe uma relação entre serenidade e envelhecimento bem-sucedido que precisa ser ressaltada. Isso não tem nada a ver com a imagem reforçada pelo mercado de consumo do "velho jovem", que esbanja energia, corre maratonas e se comporta com um dom-juan de cabelos grisalhos.

"Envelhecer não significa desenvolver comportamentos estereotipados. É preciso pensar no idoso real, que é uma pessoa normal com suas qualidades e defeitos", diz a coordenadora do Sabe, Yeda Duarte. O gerontologista Alexandre Kalache, ex-diretor do Programa de Envelhecimento da OMS, que faz questão de se identificar como velho (nascido em 1945), tem uma receita para usufruirmos bem essa fase da vida. Segundo ele, são necessários quatro capitais. O primeiro é a saúde, que implica cuidar do que se come, não beber em excesso, não fumar e continuar ativo. O segundo é o conhecimento ou educação continuada e atualizada para todo tipo de atividade profissional. O terceiro é o capital financeiro, que deve ser planejado ao longo da vida (quando possível); e o quarto, o capital social, ou seja, ter amigos, bom humor e uma relação harmoniosa com a família.

A saúde e a longevidade dependem, também, da dedicação ao capital social e psicológico dos mais velhos — a capacidade de se conhecer, de aceitar as próprias limitações e de estar em harmonia consigo mesmo e com os outros. Sobre isso, o jornalista e escritor Zuenir Ventura, entrevistado no Projeto 80mais quando tinha 82 anos, lembra que uma coisa que aprendeu ao longo da vida é a não ter saudades do passado e não glorificar a juventude.

"Sou mais feliz hoje do que era quando jovem, adolescente, quando se tem a ilusão de que é a melhor época", comentou. "A adolescência é chata, tem aquela insegurança, você não sabe o que vai ser. Como digo sempre, se soubesse que era tão bom, teria chegado aos oitenta anos antes." Para Zuenir, o segredo é o temperamento: "Sou otimista por natureza, não faço nenhum esforço porque eu acho que você tem muito mais vantagens sendo otimista do que pessimista. Mesmo porque no meu DNA estava escrito que eu seria careca e otimista".

Dá para entender por que Zuenir se tornou uma espécie de ícone da longevidade, dando palestras sobre o assunto e sendo entrevistado e lembrado sempre que o tema é a "bela velhice". Dá para entender também por que vive cercado de pessoas amigas, muitas delas bem mais jovens que ele. "Um amigo diz que sou vampiro de jovens", brincou. Na conversa com a equipe do Projeto 80mais, ele disse que faz sucesso entre pessoas de todas as idades porque não dramatiza a velhice: "Não acho que seja um horror. O que é difícil é quando ela está associada à doença. Padecimento é ruim. Agora, se você goza de boa saúde, não tem do que reclamar. Eu curto muito".

Zuenir goza de boa saúde, dorme bem, acorda cedo, caminha todo dia no calçadão de Ipanema, no Rio. "Faz muito bem para a cabeça, se tive alguma ideia boa, foi sempre andando na praia. Acho que é uma forma de reabastecer o cérebro de endorfina." Ele tem um casamento feliz com a também jornalista Mary Ventura. Imortal da Academia Brasileira de Letras, diz que não tem a angústia da morte, "até porque ela não vem só com a idade. Eu perdi queridos amigos, pessoas mais jovens do que eu", comenta. Reconhece que a idade traz limitações. "Há coisas que eu já fiz que foram importantes, mas hoje, apesar de gostar de novidade e de viajar bastante, não dá mais para fazer aventuras. Não quero ser aquele velho que finge que não é, eu acho ridículo", diz.

A ideia de se acostumar e gostar da velhice permeou a conversa que tivemos — Mayana e eu — com outro voluntário do Projeto 80mais, o poeta Ferreira Gullar, dois anos antes de sua morte, aos 86 anos. Eu conhecia suas divergências com outros poetas, suas dores e tragédias particulares, como a perseguição política, as mortes e doenças em família, e confesso que esperava encontrar uma pessoa mais "resmungona". Nada disso. Ferreira Gullar octogenário era doce, tranquilo e de bem com a vida. Um poeta que aplicava na prática a frase que tornou famosa: "Eu não quero ter razão, eu quero é ser feliz".[1]

Na ocasião, Gullar, que também era imortal da Academia Brasileira de Letras, disse não ter receita para a longevidade. "Eu não ligo para essa coisa de idade. Se há uma coisa que eu não faço é planejar e teorizar a vida. Tudo que eu fiz aconteceu. Eu simplesmente procuro tranquilidade, afeto, e procuro ser coerente. Não quero perder a capacidade de me maravilhar com as pessoas, as estrelas, a pequenez de nosso planetinha diante dos bilhões de sóis... nós somos o mínimo do mínimo do mínimo e queremos entender o universo?", afirmou Gullar, para quem a poesia "é um acréscimo à vida".

Idosos como Zuenir Ventura e Ferreira Gullar bem que poderiam fazer parte da mais longa pesquisa sobre a felicidade humana, iniciada em 1938. O Harvard Study of Adult Development acompanhou um grupo de homens norte-americanos ao longo dos anos (e, em seguida, os filhos deles e suas mulheres) para entender um pouco como é o envelhecimento saudável.[2] Foram analisados fracassos e sucessos pessoais, registros médicos, qualidade dos casamentos e muitas outras questões que interligavam dados de saúde física a percepções emocionais. O estudo levou em conta fatores já conhecidos, como o estado de saúde, mas acrescentou outros igualmente importantes e pouco mencionados.

Um deles é que mesmo pessoas que viveram situações de grande estresse envelheceram bem quando tiveram amadurecimento para lidar com as adversidades. Essa capacidade ganhou dois nomes: resiliência — um termo emprestado da física que significa a propriedade de um corpo retornar à forma original após sofrer diferentes pressões — e plasticidade, que é o potencial para mudar quando necessário. Um conjunto de fatores internos pode promover o desenvolvimento da resiliência ou da plasticidade, conforme o caso: estabilidade emocional, bem-estar físico, bom humor, a existência de projetos e objetivos de vida, bem como perseverança e determinação para realizá-los.

O neurocientista Dilip Jeste, do Centro de Envelhecimento Saudável da Escola de Medicina da Universidade da Califórnia, estuda como nosso cérebro compensa o envelhecimento físico com uma vantagem evolutiva inesperada. Para ele, ganhamos sabedoria, ou aquilo que pode ser chamado de maturidade, à medida que os anos passam. Recentemente, Jeste publicou um estudo sobre a saúde mental de 29 moradores de nove aldeias na região italiana de Cilento, conhecida por agrupar centenas de pessoas com mais de noventa anos. Em comum, essas pessoas demonstraram ter traços como teimosia e otimismo.[3]

Foram feitas análises quantitativas e entrevistas com os centenários e quase centenários de Cilento, bem como com seus parentes, para conhecer suas personalidades e histórias de vida, incluindo migrações, eventos traumáticos e crenças. Segundo o neurocientista, esse grupo era constituído por pessoas que passaram por depressões, foram obrigadas a migrar, perderam entes queridos. Tiveram que aceitar e se recuperar de eventos que não podiam mudar, mas também lutar por aquilo que era possível conseguir. Jeste cita uma entrevista como exemplo desse equilíbrio entre aceitação e determinação de superar adversidades.

Perdi minha amada esposa há apenas um mês, e isso me deixou muito triste. Fomos casados por setenta anos. Estive próximo dela durante sua doença e me senti vazio após perdê-la. Mas graças aos meus filhos agora estou me recuperando e me sinto muito melhor. Tenho quatro filhos, dez netos e nove bisnetos. Lutei durante toda a minha vida e estou sempre pronto para as mudanças. Acho que as mudanças trazem vida e a chance de crescer.

Segundo o professor Robert Waldinger, atual diretor do estudo de Harvard sobre felicidade, os relacionamentos próximos, mais do que dinheiro e fama, como pensam alguns, têm uma influência poderosa na manutenção da saúde após os oitenta anos. Esses laços protegem as pessoas dos problemas e ajudam a atrasar seu declínio mental e físico. Ter um companheiro ou companheira para partilhar o dia a dia, conviver com filhos e netos, contar com os amigos nos momentos de alegria e de dificuldade, tudo isso funciona como uma motivação. "O mundo do velho é um mundo onde contam mais os afetos que os conceitos", diz Norberto Bobbio.[4]

Nesse sentido, o Brasil enfrenta problemas. As pesquisas realizadas pelo Estudo Sabe mostram que 93% da população idosa é assistida pela família. Mas em que condições? No passado, os mais velhos eram ajudados por algum parente próximo, em geral mulheres. Eram as esposas e suas filhas quem tradicionalmente assumia esse papel. Como não trabalhavam fora, se responsabilizavam pelo cuidado com a casa, a família, os doentes e as pessoas idosas. Hoje, as mulheres têm menos filhos e estão em sua maioria inseridas no mercado de trabalho. Sobra pouco tempo para cuidar de quem precisa. Praticamente também não existe mais aquela rede repleta de tios, tias, primos, irmãos, que dividiam despesas e tarefas.

Há menos pessoas disponíveis para fazer companhia a idosos mais e mais longevos. E as cidades estão cada vez mais hostis. Em consequência, quando dependentes de auxílio para se movimentar e exercer atividades comuns, os mais velhos permanecem em casa ou acabam morando em uma residência para idosos (instituições ou asilos), que nem sempre oferecem as melhores condições. Sem contar com o fato de que viver com os filhos não é garantia de respeito ou ausência de maus-tratos. Por impaciência e incompreensão, muitas vezes são tratados como "crianças grandes" ou mesmo com violência.

É importante diferenciar problemas orgânicos daqueles relacionados às condições de vida ou à falta de estímulos. A depressão, sobretudo, é muito comum: apresenta-se geralmente como um mal-estar de motivo impreciso, tristeza, apatia e cansaço. Os números relacionados à depressão em idosos no Brasil são altos. A doença, no estágio em que precisa de intervenção, é encontrada em 10% das pessoas acima dos sessenta anos. A prevalência varia de acordo com a situação. Aqueles que moram com a família e participam das atividades da comunidade apresentam menos o quadro depressivo. A depressão aparece com mais frequência a partir dos 85 anos, principalmente no caso de idosos institucionalizados.

Não há quem discorde: a solidão e a dependência são gatilhos para a depressão. Todo mundo teme esse pesadelo. Em seu livro *Mortais: Nós, a medicina e o que realmente importa*, o cirurgião norte-americano Atul Gawande conta a sua experiência com idosos e afirma que a maioria não teme a morte, mas sim alcançar um estado assustador de completa dependência.[5] Gawande lembra que, para as sociedades ocidentais contemporâneas focadas na juventude, as pessoas parecem perder a importância quando envelhecem e se tornam mais dependentes. Ele aponta uma inversão de valores, em que idosos e doentes vivem sozinhos e isolados "em uma série de instalações anônimas, nas quais passam seus últimos momentos de consciência com enfermeiras e médicos que mal sabem os seus nomes".[6]

Por outro lado, fatores relacionados à personalidade e à capacidade de ter amigos também ajudam as pessoas — em qualquer idade — a lidar com o estresse e podem explicar por que os otimistas vivem mais e melhor. Novamente citamos uma pesquisa, realizada desta vez pela Escola de Medicina da Universidade de Boston, que acompanhou 69 744 mulheres e 1429 homens durante um período de dez a trinta anos e na qual os cientistas avaliaram o nível de otimismo dos participantes, assim como hábitos gerais de saúde. A equipe também considerou a ocorrência de doenças crônicas, depressão e a prática de atividade física.[7]

A análise dos dados demonstrou que os homens e as mulheres mais otimistas tinham entre 11% e 15% mais anos de vida do que aqueles que nunca veem a luz no fim do túnel. E têm também 50% a 70% mais probabilidade de alcançar os 85 anos com o que os cientistas chamaram de "longevidade excepcional". A professora de psiquiatria Lewina O. Lee, coautora da pesquisa, concluiu: "Esse estudo tem forte relevância para a saúde pública porque sugere que o otimismo é um desses ativos psicossociais que tem o potencial de prolongar a vida humana".[8]

Associo imediatamente otimismo a outra então octogenária do Projeto 80mais, com quem conversei quando ela tinha 82 anos. A escritora de livros infantis Ruth Rocha estava interessadíssima em conhecer a sua genética para descobrir de onde veio (seus antepassados eram portugueses, indígenas, negros, judeus e árabes) e como se manifesta nela a torre de Babel que todo brasileiro carrega dentro de si e que muitas vezes não é tão bem compreendida ou aceita.

Ruth atribuía à herança familiar o fato de estar sempre disposta a ver o lado bom da vida. "Eu não sou uma pessoa tão emotiva, mas, enfim, a minha grande emoção é o humor, é o otimismo, é acreditar que as coisas podem dar certo", diz. Talvez venham daí a sua vocação de escritora e a cumplicidade com as crianças. Seu modelo é a boneca de pano Emília, personagem de Monteiro Lobato. "A Emília me influenciou para o resto da vida. Ela representa a força da irreverência, do humor, da independência", comenta.

Ruth Rocha, pela genética ou por temperamento, não se sente nem velha nem sozinha, até porque, como diz, sua casa vive sempre cheia de gente. Continua trabalhando e se desenvolvendo. "Eu tive absolutamente tudo o que uma pessoa pode querer ter", diz. "Tenho até vergonha de contar, parece que estou me gabando... Tive pais que se amavam e me amavam e aos meus irmãos. Minha mãe gostava de ver todo mundo reunido, generosa, mesa farta no domingo. Nós fomos uma família alegre. Acho que isso faz a gente viver mais."

Será que a genética também exerce influência crucial na nossa maneira de ver o mundo? Surpreendentemente, é possível. Muitos genes suscetíveis estão sendo identificados. Um deles é o 5-HTTLPR, que codifica o transportador da serotonina (neurotransmissor associado a sensações como bem-estar e felicidade). O cérebro de pessoas deprimidas pode apresentar uma quantidade menor de serotonina — não à toa, os medicamentos normalmente utilizados para tratar depressão são chamados "inibidores seletivos da recaptação de serotonina".

Mas será que o contrário também ocorre? Outro estudo, publicado em *Proceedings of the National Academy of Science* (PNAS) por pesquisadores da Universidade de Essex, mostrou que sim.[9] Os portadores de uma variante dos alelos LL em dose dupla (homozigotos) do gene 5-HTTLPR são geneticamente mais propensos a evitar situações negativas e valorizar as positivas. O assim batizado "gene do otimismo" já havia sido rastreado pela equipe do CEGH-CEL, em parceria com o neuropsiquiatra João Ricardo de Oliveira, da Universidade Federal de Pernambuco, no seu valioso banco de dados, durante uma pesquisa para tentar descobrir a influência genética de doenças psíquicas em um grupo de voluntários. Enquanto os pesquisadores ingleses demonstraram a presença da variante LL em dose dupla em 16% dos voluntários, os dados do CEGH-CEL identificaram 40% dos brasileiros com essa característica genética, ou seja, 2,5 vezes mais.[10]

Antes que se conclua que os brasileiros são mais otimistas que os sisudos ingleses, cabe frisar que esses estudos precisam ser confirmados em um número maior de pessoas e entre outras populações. E sempre é bom relembrar que somos uma interação complexa de nossos genes, nossas exposições ao longo da vida, nosso desenvolvimento cognitivo, nossas livres escolhas e, claro, uma boa dose de sorte.

10. Por que parou, parou por quê?

Precisamos falar sobre aposentadoria. Lembra aquela imagem do velho que sonha em chegar ao fim da vida sem fazer nada? Pois é, além de manter-se ativo e em movimento, quem chega na tal terceira idade precisa ressignificar essa fase. Simplesmente descansar não é um plano viável. Também não é necessário continuar trabalhando no mesmo ritmo, sem considerar as limitações impostas pelo tempo. Daí que é preciso encarar a questão tanto do ponto de vista individual como do social. O que significa ser produtivo e que oportunidades se apresentam? Essa é a real questão.

Considerar velhice e aposentadoria sinônimos não é um bom critério. Mas é uma ideia que tem como referência a ritualização da passagem do tempo segundo uma ordem cronológica. Até recentemente, as pessoas tinham época certa para frequentar a escola, trabalhar ou constituir família. Grosso modo, infância e juventude seriam o período do crescimento, da descoberta do mundo e dos aprendizados; a idade adulta seria o tempo da maturidade, do desenvolvimento de uma carreira, do casamento e dos filhos; e a velhice ou a terceira idade, o momento de ter netos e do repouso bem merecido da aposentadoria.

O problema é que, na prática, a sociedade contemporânea desmontou essa visão linear do tempo. As fases da vida não são mais tão claras. Hoje falamos em quarta idade, que são as pessoas que passaram dos oitenta anos, e o período da aprendizagem, antes exclusivo da adolescência, nunca cessa. A entrada na vida ativa também tem sido dificultada pelo desemprego, e a saída do cenário profissional pode ser antecipada pelos problemas vividos pela economia. Portanto, a associação do indivíduo com a velhice é indefinida — um idoso pode ser ao mesmo tempo filho, pai e avô.

Boa parte dos indivíduos de mais de 65 anos está em muito melhor forma do que seus avós na mesma idade, ou até em melhor forma do que seus avós com dez anos a menos. Apesar disso, na maioria dos países, a idade com que os trabalhadores se aposentam pouco mudou desde o último século. Para se ter uma ideia, quando o chanceler Otto von Bismarck (1815-98) instituiu as primeiras pensões formais para pagar aqueles com mais de 65 anos, a expectativa de vida na Prússia era de 45 anos. Atualmente, nos países europeus, 90% da população celebra os 65 anos, a maioria com boa saúde. Mesmo assim, essa idade ainda é vista como o ponto de partida para o envelhecimento.

Cria-se, assim, um paradoxo. Nessa mesma sociedade, além de ser um meio de sustento e de garantia de renda, o trabalho é uma forma de realização, de concretização de sonhos e aspirações, de desenvolvimento de habilidades, de manutenção de vínculos de amizade. Sem contar que, apesar das diferenças de posições e lugares sociais, o trabalho é o principal regulador da vida, já que organiza horários, relacionamentos familiares e sociais, horas de lazer e de consumo. Por isso, em muitos casos, a aposentadoria, quando obrigatória, deixa de ser vista como o reconhecimento merecido pelos muitos anos de atividade formal e passa a ser associada ao seu oposto. A palavra aposentadoria, segundo o próprio dicionário, significa pôr de parte, de lado; estado de inatividade. Aposentado é quem está fora do sistema produtivo.

Se a inatividade era uma verdade há quarenta anos, quando a expectativa de vida dos brasileiros era de cerca de 62 anos e a saúde dos mais velhos não era nada exemplar, hoje não serve mais para avaliar a velhice. De acordo com dados do IBGE, quando uma pessoa completa sessenta anos, a expectativa é de que viva pelo menos mais vinte, trinta anos. Assim, é importante ter um plano para garantir o futuro. Essa motivação faz toda a diferença para manter o cérebro afiado.

Sim, porque em muitos casos a aposentadoria pode se refletir negativamente sobre o funcionamento cognitivo dos sessentões, uma vez que, ao deixar de trabalhar, eles diminuem as atividades diárias e suas redes sociais. Esses fatores, como já se viu, são importantes para postergar o declínio da memória, da percepção e do raciocínio. Quanto maiores o círculo de amigos, a estimulação intelectual e as atividades físicas, menor o risco de incidência de demências. Quem não conhece alguém, familiar ou amigo, que passou pela sensação de ansiedade e insatisfação generalizada após a aposentadoria?

A professora Yeda Duarte, coordenadora do Estudo Sabe, lembra os três Ds da aposentadoria: Deslumbramento, Desilusão e Desespero. "O que fazer com o tempo?", pergunta. "Quando uma pessoa me diz que pretende se aposentar, eu digo sempre: planeje antes a sua 'nova' vida, como você quer que ela seja depois que sair do mercado de trabalho. Quando isso não acontece, a pessoa pode até adoecer porque perdeu a identidade, não sabe mais o que fazer, acorda e não tem para onde ir. A família pode também se incomodar, e assim começam os conflitos." Quem foi ocupado a vida inteira não consegue levar uma vida totalmente descompromissada.

Até por causa de seu objetivo de entender o que promove a saúde das populações mais longevas, a amostra do Projeto 80mais é constituída de idosos com boa capacidade cognitiva, mais alta escolaridade e nível socioeconômico que lhes garante uma estrutura de apoio bem montada nos casos de declínio funcional. Esses voluntários não aparentam ter mais de oitenta anos, são extremamente ativos, e, embora não tenham o mesmo ritmo e às vezes até apelem para a bengala, mantêm a criatividade e o interesse pelo trabalho e se valem da experiência adquirida para continuar em atividade.

São pessoas que provavelmente vão trabalhar ou ter uma atividade a vida inteira. A própria Mayana é um exemplo. "Eu briguei para que a aposentadoria compulsória na universidade se estendesse até os 75 anos, em vez dos 70", diz. E ainda acrescenta: "Se para ser presidente da República ou ocupar outros postos relevantes na política não há idade limite, por que deveria haver para atividades em que a pessoa se sente útil e produtiva e pode trazer ainda muitos benefícios à sociedade?".

Lembro aqui o economista Delfim Netto, nonagenário que, quando entrevistado, declarou não querer se aposentar e paradoxalmente diz que "nunca trabalhou". Explicando melhor, Delfim não dissocia vida social do trabalho e não associa o batente a sofrimento. Para ele, trabalho significa diversão, livre escolha, prazer. Sem trabalho, ele observa, sua vida e história não teriam sentido. Quando alguém lhe diz que já está na hora de parar e descansar, ele responde na hora: "Está louco?".

Delfim diz que a pessoa não escolhe a profissão, é escolhido por ela. "No meu caso, escolheu tão bem que me fez feliz a vida inteira." Ele foi professor da USP, economista e político, tendo capitaneado a política econômica do país durante boa parte do regime militar. Na década de 1980 criou uma empresa de consultoria, por meio da qual manteve sua esfera de influência e poder, advinda de seu conhecimento técnico e do círculo de amizades. Escreve regularmente sobre economia para os jornais e busca manter-se sempre atualizado sobre o momento político. Delfim encontrou uma forma para se manter ativo, adaptando--se aos novos tempos. Não é sempre que se consegue isso. Os homens, principalmente, experimentam uma ruptura dolorosa quando se aposentam. Ficam profundamente abatidos. Se investiram todos os seus esforços no universo de trabalho e se distanciaram da vida familiar, não conseguem descobrir o seu lugar ou seus interesses após a aposentadoria. Mesmo porque, na atualidade, as novas tecnologias requerem novas competências, o que faz parecer que todo o conhecimento que adquiriram no mundo do trabalho está ultrapassado.

As mulheres, por sua vez, em geral enfrentam melhor as transformações que ocorrem na velhice, pois costumam manter vínculos afetivos mais intensos com os filhos e netos, continuam conectadas com a rotina diária da casa mesmo quando trabalham fora e encontram outras maneiras de aproveitar a vida. Talvez isso tenha a ver também com o fato de que sempre tiveram que se adaptar, historicamente falando, a um mundo de condições adversas. Quando aposentadas, experimentam uma liberdade a que não estavam habituadas e são mais eficazes em ocupar novos papéis. Por outro lado, por terem uma expectativa de vida maior, em geral vivem mais com menos — sempre é bom lembrar, costumam ganhar menos do que os homens —, frequentemente sozinhas depois da viuvez.

Vale conhecer a história de dona Neuza Guerreiro de Carvalho, nascida em 1930, que, aos noventa anos, se diz "totalmente realizada". Em depoimento ao canal no YouTube O que Rola na Geronto, do qual a professora Yeda Duarte faz parte, dona Neuza contou como "deu a volta por cima" depois de se aposentar como professora de biologia e tomar conta de pai, mãe, marido, sogro, sogra e netos. "Nunca parei de estudar, de me atualizar, de ler. Formei novos grupos sociais e agora me interesso por um monte de coisas." Dona Neuza criou o curso Resgate de Memória Autobiográfica, que faz parte do programa Universidade Aberta à Terceira Idade da USP, e continuou a dar aulas durante a pandemia por meio virtual. Criou também o Blog da Vovó Neuza, baseado em seu interesse por música, literatura, artes visuais, história de São Paulo e memória.[1] "Na longevidade, tem que ter um projeto e um propósito de vida para se sentir bem consigo mesma e com a sociedade em geral", ensina.

No livro *A velhice*, Simone de Beauvoir, após descrever o quadro de envelhecimento de indivíduos e sociedades, afirma que a liberdade e a lucidez não têm grande utilidade nessa fase quando já nenhum objetivo nos solicita. Para ela, a melhor coisa para o velho, o que pode trazer ainda mais benefícios que uma boa saúde, é que o mundo continue povoado de finalidades. "Sentindo-se ativo e útil, o velho há de escapar ao tédio e à decadência. Continua sendo seu o tempo em que vive [...]. Sua velhice passa, por assim dizer, despercebida."[2]

Simone de Beauvoir, porém, faz uma ressalva: "Isso implica que, na maturidade, o velho tenha se empenhado em empreendimentos que arrostem os anos; e em nossa sociedade de exploração essa possibilidade é recusada à imensa maioria dos homens".[3]

Uma nova possibilidade de aproveitar o conhecimento que adquiriu ao longo da vida surgiu para Silvano Raia, cirurgião hepatologista e pioneiro no transplante de fígado no Brasil. Além de voluntário no Projeto 80mais, ele estudou as mais modernas linhas de pesquisa em xenotransplantes e bioengenharia, associando-se à equipe do CEGH-CEL em um projeto de transplante de órgãos entre duas espécies diferentes — nesse caso, o *Sus scrofa domesticus* e o *Homo sapiens*, porco e homem.[4] Outro projeto conjunto de que participa visa combinar células-tronco e impressão em 3D para produzir tecidos hepáticos humanos que seriam usados em transplantes.[5]

Se as pesquisas derem certo, no futuro deverá ser possível fabricar tecidos e órgãos em quantidade suficiente para dar um fim às longas filas de transplante a que o "velho doutor" estava acostumado. Aposentado de suas antigas capacidades, Silvano Raia não se sente desatualizado: "Acredito que, com o advento da medicina à distância e da biotecnologia com suas possibilidades surpreendentes, como a engenharia genética, o diagnóstico por inteligência artificial, o papel do médico mudou muito e será preciso estar sintonizado com essas mudanças".

Nos últimos anos, em parte por causa da crise e do desemprego, a participação de idosos na economia está crescendo, e pelo menos 11 milhões de brasileiros dependem da renda dos mais velhos para viver. Uma porcentagem de 33% em um universo de 1,7 milhão de brasileiros com mais de sessenta anos trabalha mesmo quando aposentada — muitas vezes de forma exaustiva, em empregos informais, irregulares e sem garantias trabalhistas. Sem contar com o auxílio fundamental na criação e educação da geração seguinte, e os trabalhos voluntários que oferecem à comunidade.

Nesse aspecto, a pandemia do novo coronavírus evidenciou a importância dos idosos em famílias nas quais são responsáveis por boa parte da renda, senão toda. De acordo com um estudo desenvolvido pela economista Ana Amélia Camarano, do Instituto de Pesquisa Econômica Aplicada (Ipea), 73,8% das mortes registradas pela covid-19 de fevereiro até 1º de julho de 2020 no país foram de indivíduos com sessenta anos ou mais, e boa parte deles atuava como provedor de seus lares.[6]

Segundo a economista, a pandemia atingiu duplamente os idosos. "Em primeiro lugar, por serem os mais vulneráveis pela própria doença. Depois, porque têm perdido mais empregos ou, pelo preconceito, encontram dificuldades de se colocar novamente no mercado de trabalho." O problema se agrava porque o número de idosos que deixaram de trabalhar ou de procurar emprego no início da pandemia representa 64% do total da força de trabalho.[7] Isso pode ter ocorrido seja pelo preconceito e discriminação contra esse "grupo de risco", seja por opção do próprio idoso de ficar em casa por segurança — quando isso é possível.

A discriminação por idade já era um problema no mercado de trabalho de todo o mundo antes da epidemia, mas pode ter se agravado.[8] Considerando que aqueles que hoje estão na casa dos sessenta ainda vão viver muito tempo, é preciso lembrar que, sem trabalho, essas pessoas podem não ter renda para viver com saúde e bem-estar, como todos nós gostaríamos. "De nada adianta alterarmos a idade mínima da previdência social para prolongar a fase produtiva da pessoa se corremos o risco de retirar do mercado de trabalho homens e mulheres em plena capacidade laboral", diz o jornalista e pesquisador Jorge Félix, um dos primeiros brasileiros a estudar a economia da longevidade. "Numa sociedade envelhecida, como sabemos, a população economicamente ativa é o principal patrimônio."[9]

11. E então veio a covid-19

As pesquisas do Projeto 80mais e do Estudo Sabe avançavam e prometiam mais respostas sobre os mecanismos responsáveis pelo envelhecimento saudável — e os fatores que impediam a sua realização — quando o mundo inteiro se viu diante de uma tragédia para a qual ninguém estava preparado. No fim de fevereiro de 2020, ocorreram no Brasil os primeiros casos da covid-19. Na ocasião, a Europa já confirmava centenas de internações e a OMS alertava para um risco muito alto de quadros graves da doença em pessoas com mais de sessenta anos, diabéticos, hipertensos, obesos, asmáticos e portadores de doenças crônicas em geral. Não se sabia então como tratar ou impedir a disseminação do Sars-CoV-2, o vírus até então desconhecido, transmissor da doença que deixava tantas vítimas por onde passava.

A OMS alertava que os idosos, por terem o sistema imunológico mais deficiente e os pulmões e mucosas mais frágeis e expostos a doenças virais, eram particularmente vulneráveis. Entre eles a covid-19 tendia a se manifestar de forma mais grave, com maior número de complicações e necessidade de internação. Embora a taxa de mortalidade da doença entre a população com sintomas clínicos de covid-19 em geral fosse da ordem de 2% a 3%, o número tendia a aumentar conforme o avanço da idade.

Entretanto, à medida que os meses foram passando e o conhecimento sobre o Sars-CoV-2 aumentava, estudos mostraram que o vírus podia provocar um espectro muito grande de manifestações que variavam de ausência total de sintomas até a morte — embora mais raramente entre jovens do que entre idosos.

Passado o primeiro susto, a comunidade científica brasileira teve que se adaptar à nova realidade. "Nosso primeiro impulso foi nos perguntarmos como poderíamos contribuir com as pesquisas sobre a variabilidade clínica e de sintomas das pessoas perante a infecção", recorda Mayana, que continuou trabalhando mesmo em isolamento. Essa era uma ideia adotada pelo consórcio global Covid Human Genetic Effort, com a participação de cientistas de mais de cinquenta centros de sequenciamento genômico, sobre a ligação entre a severidade do vírus e o comprometimento de genes que regulam a atividade do sistema imunológico.

Uma das suspeitas é que os casos graves de covid-19, embora nem todos eles, poderiam estar relacionados a uma mutação genética associada à produção de substâncias segregadas pelas células do sistema imunitário (aquelas que controlam a reação do organismo à invasão viral). Uma pesquisa realizada pelo consórcio, liderada pelo cientista Jean-Laurent Casanova, da Rockefeller University, identificou que 3% dos casos graves ou letais de covid-19 apresentavam mutações em treze genes que impediam a produção e o funcionamento adequado do interferon, proteína essencial na defesa do organismo contra vários tipos de vírus, entre eles o da gripe, por exemplo.[1] Encontrar essas mutações em pessoas com covid-19 poderia ajudar os médicos a identificar aquelas em risco de desenvolver formas graves da doença, além de apontar novas direções de tratamento.

Outra linha de pesquisa avaliava se pessoas expostas previamente a outros tipos de coronavírus, como aqueles que causam resfriados comuns, poderiam desenvolver sintomas menos graves da covid-19, uma vez que teriam linfócitos T que reconheceriam o invasor, originando uma resposta imunitária mais eficiente do que aquela resultante de um primeiro contato.[2] O grupo do CEGH--CEL então se associou aos imunologistas Edécio Cunha-Neto, Keity Santos e Jorge Kalil, da Faculdade de Medicina da USP, para avaliar a resposta do sistema imune dos pacientes brasileiros.

Começou então o trabalho de associar o conhecimento já adquirido sobre o genoma de idosos às pesquisas com a covid-19. É o que conta o biólogo Mateus Vidigal, na época com pós-doutorado recém-iniciado no CEGH-CEL. Graduado em biologia pela PUC de Campinas, com mestrado e doutorado em biologia celular e estrutural pela Unicamp, Mateus havia participado anteriormente de uma pesquisa na Unicamp focada nos efeitos da infecção pelo vírus zika no sistema nervoso.[3] O trabalho chamou a atenção de Mayana, que, além da pesquisa sobre a suscetibilidade genética ao zika vírus, já havia feito um estudo com camundongos e em cães portadores de tumores cerebrais espontâneos, mostrando que esse mesmo vírus poderia ser usado como ferramenta no tratamento de tumores humanos agressivos do sistema nervoso central.[4]

A proposta de pós-doutorado de Mateus no CEGH-CEL era desenvolver linhagens celulares humanas de centenários que não tinham declínio cognitivo e comparar com linhagens de adultos ao redor dos sessenta anos com declínio cognitivo. "Duas semanas depois que meu projeto foi aceito, veio a pandemia do novo coronavírus", recorda Mateus. Portanto, não seria mais possível prosseguir em busca dessas pessoas. "Como eu tinha experiência com infecção viral, viramos o jogo e começamos a trabalhar com o sequenciamento genético e o desenvolvimento de linhagens celulares, só que com covid e sem covid."

Para identificar os genes de risco e de proteção, os pesquisadores do CEGH-CEL focaram nos extremos. De um lado, foram coletadas amostras de DNA de tecidos de pacientes com idade média de 48 anos (homens) e de quarenta anos (mulheres), mas também jovens e crianças, com mortes causadas pela covid-19.[5] Esses pacientes, segundo Mayana, deveriam ser portadores de variantes genéticas que fizeram com que desenvolvessem formas mais graves da doença e, infelizmente, não resistissem.

De outro lado, os pesquisadores foram atrás de idosos resistentes com mais de noventa anos que tiveram covid-19, desenvolveram ou não sintomas e se recuperaram. Para isso, foi feito um acordo com a operadora de saúde Prevent Senior, que encaminhou mais de oitenta amostras de sangue e exames fornecidos por seus pacientes mais velhos. "Foi surpreendente, não esperávamos uma quantidade tão grande de nonagenários curados", contou Mateus.

O estudo também recebeu amostras de treze centenários (onze mulheres e dois homens), sendo a mais velha com 114 anos, moradora de um abrigo para idosos em João Pessoa, com várias comorbidades e saúde frágil, considerada uma das pacientes mais idosas que se curaram da infecção no Brasil. "É uma guerreira, algo muito forte manteve ela viva", comentou o biólogo.

Mateus também acompanhou pessoalmente as histórias de outras centenárias que tiveram contato com o novo coronavírus e apresentaram apenas sintomas leves. Uma delas, moradora de instituição, teve contato com outros dezesseis idosos com teste positivo para covid-19 e não apresentou sintoma nenhum. Outra, com 104 anos, mora com a filha e a neta, que tiveram sintomas da covid-19, mas ela mesma teve apenas um dia com um pouco de febre, apesar de um histórico anterior de internações, como a retirada de um rim, cirurgias de esôfago e bexiga e sessões de hemodiálise.

A pesquisa englobou ainda material biológico de mais de cem casais sorodiscordantes, em que um dos cônjuges foi afetado pela doença e o outro não, apesar de ter tido contato direto com o vírus. "No começo, achamos que era raro, mas para nossa surpresa recebemos mais de novecentos e-mails de pessoas reportando esses casos. Há vários de homens com diagnóstico confirmado por testes molecular e sorológico que foram hospitalizados ou ficaram em isolamento em casa sob os cuidados de suas companheiras e elas não foram infectadas ou não manifestaram sintomas", diz Mayana. A pesquisa mostrou que, entre as pessoas expostas resistentes (assintomáticas), dois terços eram mulheres, confirmando os dados internacionais de maior suscetibilidade no sexo masculino.

A pesquisa prosseguiu também por outro caminho. Foram avaliados casos de gêmeos igualmente expostos, isto é, morando na mesma casa. Por que o interesse em ver o que acontece com gêmeos? Porque, no caso de uma doença ou infecção que depende só de condições ambientais, gêmeos monozigóticos (ou idênticos) e gêmeos dizigóticos (ou fraternos) devem ser igualmente afetados. Mas, se uma condição depende de maior suscetibilidade genética, espera-se que os gêmeos monozigóticos, que têm o mesmo genoma, sejam mais semelhantes entre si (ou concordantes) do que os gêmeos dizigóticos, cujos genomas são tão semelhantes como os de irmãos não gêmeos.

Essa pesquisa já havia sido feita no Centro, justamente para avaliar casos de microcefalia causada pelo vírus zika em bebês expostos durante a gestação. Naquela ocasião, foi observado que havia uma concordância maior em gêmeos monozigóticos que em gêmeos dizigóticos, confirmando então que a microcefalia não ocorria ao acaso, mas dependia de uma maior suscetibilidade genética nos bebês afetados. Mayana contou que não sabia se seria possível repetir essa pesquisa agora, pela dificuldade de encontrar e identificar gêmeos expostos ao Sars-CoV-2 vivendo no mesmo ambiente.

"Por incrível que pareça, conseguimos identificar dez pares de gêmeos, quatro monozigóticos e seis dizigóticos, igualmente expostos, que moravam na mesma casa", contou. "A resposta à doença em três dos quatro pares de gêmeos monozigóticos foi idêntica; já entre os dizigóticos, cinco dentre os seis pares tiveram sintomas diferentes, o que evidencia a participação de fatores genéticos na determinação da suscetibilidade ou resistência à covid-19." As pesquisas continuam com o sequenciamento do exoma desses pacientes e daqueles dos outros grupos, que está em fase de análise. Aqui vale um esclarecimento: a opção pelo exoma, e não pelo genoma completo, é financeira. O custo de fazer o sequenciamento genético completo de todos os participantes da pesquisa seria muito mais alto.

A partir das amostras coletadas, o grupo pretende estabelecer diferentes linhagens celulares, principalmente de centenários curados e de indivíduos assintomáticos, para verificar em laboratório como se comportam quando expostas ao Sars-CoV-2 e tentar entender por que são resistentes. Para isso, serão utilizadas células-tronco pluripotentes induzidas (iPS), que têm a capacidade de serem reprogramadas para todo tipo de tecido e cuja técnica o CEGH-CEL conhece bem. "Essa será uma resposta importante para entendermos a doença", acredita Mayana.

"Quando surge um grande problema, a gente se pergunta como pode contribuir", comentou Mayana. Foi assim que as pesquisas do CEGH-CEL tiveram outros desdobramentos. Um deles proporcionado pela geneticista e professora Maria Rita Passos-

-Bueno, que desenvolveu um teste de diagnóstico da covid-19 pela saliva. Ela estava na Itália, em fevereiro de 2020, quando surgiu a epidemia e por isso quis fazer um teste logo após sua chegada ao Brasil. Descobriu que não havia exames disponíveis, e daí veio o seu interesse em desenvolver uma forma rápida e de custo mais baixo como alternativa ao RT-PCR (em que uma espécie de cotonete com hastes longas é inserido no fundo das vias nasais e da garganta). Pesou também a possibilidade de não depender da importação de insumos, um dos principais limitantes para a realização de testes para covid-19.

Rita apostou em uma metodologia chamada RT-Lamp, que não precisa de equipamentos sofisticados e pode ser realizada em locais com pouca infraestrutura em amostras de saliva, e também ser aplicada em outras doenças infecciosas, como dengue, chikungunya e zika. Assim como o RT-PCR, esse teste pode ser usado para detectar o vírus durante a infecção e custa um quarto do valor dos outros testes. Como a coleta é bem mais fácil, ela pode, inclusive, ser feita pela própria pessoa, e está disponível mediante solicitação via formulário no CEGH-CEL.[6]

Da parte dos pesquisadores do Sabe, os estudos com idosos continuaram como foi possível. A equipe se preparava para iniciar uma nova rodada de questionários, como fazia a cada cinco anos desde 2000, mas por segurança teve que interromper as visitas. Aproveitou, no entanto, para localizar os idosos por entrevista telefônica. E descobriu algo importante, que serviu de alerta aos epidemiologistas, principalmente a partir de agosto de 2020, quando os casos de covid-19 recrudesceram em todo o país: "A grande maioria dos idosos se esforçou bastante para cumprir as regras de isolamento e se proteger e proteger os outros", afirmou Yeda Duarte. "Tomaram bastante cuidado com as medidas de proteção e evitaram aglomerações."

Em parceria com o Instituto Butantan, durante quatro meses as pesquisadoras do Sabe conseguiram permissão para realizar exames sorológicos em 665 pessoas idosas e 1081 contactantes que se dispuseram a avaliar a presença de anticorpos contra o novo coronavírus ou a infecção propriamente dita. Quando apresentavam sintomas suspeitos nos quinze dias que antecediam a coleta, caso de 51 idosos e 156 contactantes, foram feitos testes de RT-PCR.

"Aparentemente, os que se contaminaram tiveram em sua maioria contato com pessoas que continuaram circulando pela cidade, não se cuidaram e trouxeram o vírus de fora para dentro", contou Yeda. Duas mortes foram registradas pelos pesquisadores em idosos internados que não chegaram a fazer os testes. Eram, segundo Yeda, moradores de bairros pobres periféricos nos quais a possibilidade de isolamento social era muito mais difícil.

A preocupação maior dos participantes do Sabe era com os idosos que moravam sozinhos (15,7%) ou na companhia de outros idosos — cônjuges ou outros parentes (48%) —, boa parte com noventa anos ou mais. Por terem uma saúde mais frágil e necessitarem de mais cuidados, eles tiveram que enfrentar diversas restrições, mas muitos não tinham a quem pedir ajuda para atividades comuns como comprar alimentos e remédios. Os idosos que viviam em asilos e casas de repouso, as Ilpis, Instituições de Longa Permanência de Idosos, também preocupavam, pois eram particularmente suscetíveis a complicações severas e morte por viveram próximos uns dos outros e passarem muito tempo em contato com cuidadores em ambientes fechados.

Diante disso, a professora Yeda Duarte e as pesquisadoras Helena Watanabe e Marisa Accioly, também especialistas nas áreas de gerontologia e geriatria da USP, se uniram para formular um manifesto enviado às autoridades públicas em que ressaltavam a falta de assistência, de políticas públicas e de apoio a essa população. No documento, elas chamaram a atenção para a importância dos movimentos de solidariedade que cresceram por causa da covid-19 e ajudavam pessoas idosas residindo sozinhas em prédios ou na vizinhança. E, principalmente, alertaram para a falta de estrutura física e quadro de pessoal capacitado nas Ilpis.

O cadastro do Suas, o Sistema Único de Assistência Social, registra cerca de 2 mil Ilpis, que abrigam 83 mil idosos em instituições públicas, filantrópicas e particulares no país. Mas, na verdade, não existe um levantamento censitário nacional sobre as Ilpis que possa apontar com certeza quantos idosos estão abrigados nessas instituições. O último, de 2010, publicado pela doutora em demografia Ana Amélia Camarano, identificou 3549 Ilpis, sendo 65,2% de natureza filantrópica e 6,6% públicas, especialmente municipais.[7]

O manifesto foi o ponto de partida para a criação da Frente Nacional de Fortalecimento às Ilpis, composta de voluntários de todas as regiões do Brasil, pesquisadores, especialistas e gestores das áreas de envelhecimento e de políticas públicas de proteção aos idosos, sob a coordenação da médica geriatra Karla Giacomin.

Além de enfrentar a pandemia, a Frente pretende contribuir apontando as deficiências das Ilpis no país, como "falta de treinamento para as equipes (cuidadores, médicos, enfermeiros, fisioterapeutas, nutricionistas etc.), relacionadas às particularidades de saúde das pessoas idosas e dos cuidados paliativos". Segundo Yeda, o Brasil está envelhecendo e não tem uma política pública de cuidados com os idosos que seja contínua, permanente e universal. "Se é que podemos dizer que houve algo positivo com essa pandemia foi dar mais visibilidade a essa população, o que não existia antes", disse. "Tivemos mortes nas Ilpis, mas muito menos do que ocorreria se não houvesse esse movimento da sociedade civil em defesa dos mais idosos."

12. Uma vida dedicada à ciência

Mais de duas décadas de avanços tecnológicos fizeram da genômica a ciência do momento, gerando descobertas, bem como controvérsias, que a sociedade mal começa a considerar, e impactos que serão mais bem identificados nos próximos anos, no tratamento de doenças e na expectativa de vida de todos nós. À frente do CEGH-CEL, que ajudou a criar, Mayana Zatz ocupa lugar de destaque nas pesquisas brasileiras desse movimento.

Pode-se pensar que, ao optar pela genética, desistindo de cursar medicina, ainda na década de 1960, Mayana tenha adivinhado, de forma premonitória, esses avanços. Nada disso. "Naquela época nem mesmo minha mãe sabia como explicar para as amigas o que eu estava estudando", brinca. "Ninguém imaginava que se poderia analisar DNA, estudar DNA." Só existiam exames bioquímicos. "Acabei me especializando em genética humana e médica porque isso me possibilitava fazer pesquisa e lidar com pacientes também, o que sempre me motivou."[1]

Filha de judeus romenos que fugiram para Israel durante a Segunda Guerra Mundial, Mayana nasceu em 1947, em Tel Aviv. Dos dois aos seus sete anos, a família viveu na França, o que lhe valeu um leve sotaque quando pronuncia os erres. Depois vieram para São Paulo e se apaixonaram pelo Brasil. Mayana diz que herdou dos pais o apego à educação. "Faculdade era o mínimo que a gente tinha de fazer", recorda.[2]

Mayana graduou-se em ciências biológicas pela USP, onde, como outros biólogos de sua geração, conheceu e se inspirou no trabalho de um dos pioneiros da genética humana no Brasil, Oswaldo Frota-Pessoa. "Ele nos orientou a ir além dos livros e do laboratório, participando de todas as atividades, inclusive tentando conhecer melhor as famílias com portadores de doenças graves que então frequentavam o serviço de aconselhamento genético", conta. Logo ela começou a se interessar pelas doenças neuromusculares, dentre as quais uma das mais conhecidas é a distrofia de Duchenne, doença transmitida de mães portadoras (clinicamente normais) para seus filhos, ligada a mutações no DNA que levam à degeneração progressiva dos músculos e à morte, se o doente não receber cuidados muito especiais. "Era muito frustrante, naquela época, saber que eu não poderia fazer nada pelas famílias afetadas senão estimar riscos de herdarem uma mutação responsável pela doença genética que acometia a família, o que tinha pouco sentido para quem vivia o drama tão de perto", diz Mayana. "O sofrimento das famílias é enorme. O sonho de qualquer pai, de qualquer mãe, é ver o filho crescer, ficar adulto. De repente aparece um diagnóstico pesado de uma doença tão agressiva, e eles pouco podem fazer para impedir a sua progressão."

Essa experiência levou-a a trilhar um caminho ainda hoje pouco experimentado por outros cientistas do mesmo quilate: dedicar-se à pesquisa e, ao mesmo tempo, ajudar aqueles que padecem de males para os quais até agora não existe cura. O trabalho com as distrofias a envolveu tanto que Mayana seguiu estudando-as no mestrado e no doutorado, ambos concluídos na

USP, e no pós-doutoramento na Universidade da Califórnia, em Los Angeles, sob a orientação dos geneticistas-médicos Michael Kaback e David Campion, que a incentivaram a continuar nessa linha de pesquisa. De volta ao Brasil, passou a se interessar pelo impacto do aconselhamento genético. "Eu quis saber o que havia acontecido com todas aquelas famílias que a gente tinha orientado. O trabalho de laboratório e as longas conversas com os pais, tudo isso estava tendo algum impacto na vida delas? Resolvi então revisitar famílias que haviam recebido o aconselhamento genético e consegui recontatar cerca de trezentas depois de um ano", conta.

Para sua surpresa, a maioria das famílias de alto risco tinha evitado o nascimento de outras crianças tomando medidas contraceptivas eficientes, mas as crianças mais velhas, nascidas antes do aconselhamento genético, sofriam "total abandono". Muitas não tinham cadeira de rodas, acesso à escola, à fisioterapia ou a atividades recreativas, ficando totalmente excluídas da vida social.

A interação com essas famílias fez com que Mayana se engajasse em novas e diversas batalhas. Fundou em 1981 uma associação para ajudar pessoas com distrofias musculares. "Comecei a arrecadar fundos, a promover atividades. A sede era na minha sala, no Departamento de Biologia." Outra frente foi o desenvolvimento de novos tratamentos e a tentativa de facilitar o trabalho dos cientistas, suprimindo os problemas causados pelos entraves burocráticos, como os trâmites para a importação de insumos e materiais de laboratório — sem eles, há atrasos ou até o fim de muitos trabalhos (as dificuldades de conseguir insumos para as vacinas contra a covid-19 estão aí para provar). "A maioria dos reagentes usados em laboratório é importada e consegui-los pode levar meses", diz ela. A falta de verbas para projetos de excelência e para a concessão de bolsas para estudantes de pós-graduação — dois males que assombram a ciência brasileira há tempos — foram outra luta. "As verbas são restritas e a burocracia é gigantesca. Infelizmente perdemos todo ano alunos brilhantes, que deixam o Brasil em busca de melhores condições para trabalhar."

O rosto da bióloga tornou-se familiar na TV e em entrevistas nos jornais e revistas, principalmente quando, bem mais tarde, se voltou para a defesa das pesquisas com células-tronco embrionárias, na votação da Lei de Biossegurança. Esse foi seu momento de maior evidência pública, quando, ao lado de familiares e portadores de doenças degenerativas, foi a principal articuladora no Congresso dos interesses pró-pesquisa de embriões congelados que são descartados. A cientista defendia o direito de, como em outros países do mundo, realizar pesquisas com essas células que têm o potencial de formar todos os tecidos do corpo. Seu objetivo era ter as mesmas oportunidades que os cientistas do chamado Primeiro Mundo.

O uso de células-tronco no tratamento de doenças ainda está em sua "infância", mas Mayana está na linha de frente dessas pesquisas internacionalmente, e o Centro que ela fundou utiliza essas células há anos para entender como os genomas de indivíduos afetados participam na fisiopatologia das doenças genéticas. Para isso, ele desenvolve estudos com as chamadas células-tronco pluripotentes induzidas (iPS), que têm a capacidade de dar origem a todos os tipos de tecido (osteoblastos, neurônios, células adiposas e células musculares ou células pulmonares, entre outras). Dessa forma, é possível comparar tecidos diferentes de um mesmo paciente, testar drogas e traçar estratégias de tratamento para doenças neuromusculares, síndromes e más-formações congênitas craniofaciais, e acompanhar seus efeitos em laboratório ou em modelos animais.

Assim, Mayana ficou conhecida como porta-voz do discurso científico para a sociedade, contrapondo-se àqueles que negam a importância da ciência ou difundem opiniões sem fundamentação, confundindo a opinião pública. Ela passou a contribuir com artigos, entrevistas e como fonte jornalística em matérias sobre as suas descobertas, métodos e conceitos fundamentais. Chegou a ter um blog, no qual discorria não só sobre os avanços da genética como sobre os desafios da ética relacionados a essas mesmas descobertas. Ganhou prêmios, entre eles o L'Oreal/Unesco para Mulheres na Ciência e o Prêmio The World Academy of Sciences (Twas) em Pesquisa Médica. Foi pró-reitora de pesquisas na USP de 2002 a 2005. Tornou-se um nome sempre lembrado quando são citados os cientistas que mais contribuem para as pesquisas de ponta no Brasil. Mais recentemente, engajou-se na luta contra as fake news sobre vacinas contra a covid-19 — e, claro, nas pesquisas voltadas para o entendimento da ação do vírus.

Uma palavrinha final

Dra. Mayana Zatz

Lá se foram mais de dez anos de muito trabalho e aprendizagem desde que iniciamos essa jornada sobre o envelhecimento. Naquela época, o campo de estudo da genética da longevidade humana não tinha a mesma relevância que tem agora. Hoje esse é um assunto que interessa a todos nós, velhos e jovens. Envelhecer já não é mais exceção, é norma. Na nova ordem demográfica mundial, a geração que está chegando aos sessenta tem a expectativa de viver até os noventa ou muito mais. Então, acho que fizemos uma escolha estratégica para o país e no cenário internacional quando decidimos enveredar por esse caminho. Como todo mundo, espero eu também viver mais e com saúde, ter mais oportunidades de aprender e de participar de novos projetos que ajudem outras pessoas a viver mais e melhor. Esse é o objetivo que me faz feliz. Além de ver os netos crescerem, claro.

Tenho a consciência de que devemos muito dos nossos resultados aos idosos fabulosos que tivemos o prazer de conhecer, alguns dos quais se tornaram excelentes amigos. Minha gratidão a esses brasileiros octogenários, nonagenários e centenários que nos ajudaram a escrever essa história. Ouvir essas pessoas, saber de suas experiências e compartilhar a sua alegria, a famosa *joie de vivre*, é um prazer enorme. São todas muito simpáticas, porque pessoas ranzinzas e mal-humoradas ou não envelhecem bem, ou não aceitam fazer parte de pesquisas como a nossa.

Tenho lembranças ótimas e até engraçadas desses voluntários. O professor José Goldemberg fez questão de trazer sua irmã mais velha, dona Rosa, "muito mais inteligente do que eu", segundo ele, para também participar do estudo — aliás, outros voluntários também trouxeram seus irmãos igualmente inspiradores. Dona Cybelle Vassimon nos convidou — a mim e ao Michel — para a sua festa de aniversário de cem anos, tendo emocionado a todos ao discursar sobre a satisfação de estar viva e feliz na companhia da família e de amigos queridos.

Quando começou a pandemia do novo coronavírus me perguntei se os nossos centenários resistiriam a mais esse desafio. De repente, começaram a aparecer notícias de nonagenários e centenários curados. Demos sorte e conseguimos identificar um bom número que tinha se curado ou permanecido assintomático apesar de ter tido um contato muito próximo com alguém infectado. Já contamos da senhora de 114 anos, talvez a pessoa mais idosa do mundo curada de covid-19, além de outro senhor, de 110 anos. Esses centenários de fato aguentam qualquer "desaforo" do ambiente, até um novo coronavírus que infelizmente causa tantas vítimas. E cabe a nós o desafio de descobrir quais são as variantes genéticas responsáveis por sua resistência.

Não sou só eu que guardo lembranças tão gratificantes dos nossos idosos. Michel, que tanto se dedicou a esse trabalho, mantém com carinho o livro que embalou a sua infância autografado especialmente pela escritora Ruth Rocha, quando ela nos visitou. E lembra-se da noite memorável em que, na companhia de Zuenir Ventura e sua esposa Mary, ouviu o sax jazzista de Luis Fernando Verissimo em um bar em São Paulo. Saudades redobradas quando lembramos, em tempos de pandemia, como era bom se sentar em um bar sem preocupações com o Sars-CoV-2. Houve também contratempos: Michel não se conforma até hoje de ter tido seu carro roubado logo depois da entrevista com a eterna Beatriz Segall — o vídeo em que estava registrada a conversa que ele e Martha San Juan França tiveram na casa da atriz foi levado pelos ladrões. Restou apenas a gravação em áudio. Costumo dizer, lembrando o inventor Thomas Edison, que em ciência são necessários 1% de inspiração e 99% de transpiração. Mas também é preciso sorte. Na época, não imaginávamos que essa empreitada iria ter a dimensão que acabou assumindo. Tudo começou com os nossos projetos de pesquisa básica e aplicada voltados para doenças genéticas. Toda vez que achávamos uma mutação ainda não descrita em um dos nossos pacientes com diagnóstico dessas doenças, nos perguntávamos se essa mutação era a responsável ou se também estava presente nas pessoas saudáveis. Para responder a essa questão, concluímos que seria importante ter um banco genômico de brasileiros.

Era um tempo em que se falava muito nesses bancos, e vários países começaram a investir no armazenamento de dados do DNA de suas populações para tentar entender por que algumas pessoas escapam de certas doenças e outras não. Discutiam-se muito os chamados "riscos poligênicos", com o objetivo de detectar a suscetibilidade a males mais sérios antes que eles se manifestassem clinicamente, possibilitando o seu monitoramento e até mesmo a prevenção. Falava-se também na medicina de precisão, cujo objetivo é direcionar um tratamento personalizado de acordo com o genoma de cada pessoa. Acreditamos que também nós poderíamos contribuir para as pesquisas nessa área a médio e a longo prazo.

Acho importante ressaltar que o porte dessa pesquisa, com tecnologia de ponta e na vanguarda do conhecimento, é desafiador no Brasil, por se tratar do sequenciamento do genoma de idosos e porque grande parte dos estudos com um número considerável de participantes desse tipo é muito difícil. Ou pelo menos é mais fácil em países que dispõem de financiamento mais seguro. No entanto, a nossa população, com essa mistura fantástica de etnias, representa uma oportunidade única de conhecer os genomas ainda não descritos em populações mais homogêneas. É importante até mesmo para países com pesquisa de ponta e verbas que o nosso trabalho siga adiante.

No Brasil, nossas dificuldades eram e continuam sendo de ordem material — há limitações de verbas e toda sorte de burocracias e dificuldades para se conseguir reagentes e equipamentos. Mas os nossos pesquisadores têm o mesmo nível dos de outros países da linha de frente da genética e todas as condições de participar desse campo extraordinário de pesquisas e descobertas. Tanto que tenho o prazer de contar que conseguimos manter uma rede com 26 pesquisadores do Brasil e colaboradores de outros países para análise dos nossos resultados. E não faltam novos pesquisadores dispostos a continuar esse trabalho, desde que tenham condições de se manter dignamente nesse período e depois.

Falando de financiamento, no CEGH-CEL as verbas públicas são a nossa principal fonte, sendo os custos divididos entre a USP, a Fapesp e o CNPq, e também os Ministérios da Saúde, de Ciência e Tecnologia e a Financiadora de Estudos e Projetos (Finep), que se encarregam respectivamente da manutenção de sua infraestrutura, do financiamento de projetos de pesquisa e do pagamento de salários de pesquisadores e técnicos. Esses vão continuar sendo nossos principais financiadores, até porque centros como o nosso são indispensáveis à formação de recursos humanos nas universidades. Temos sorte de trabalhar em São Paulo, onde os recursos são mais constantes e sofrem menos entraves do que em outros estados, que contam quase exclusivamente com a verba federal.

Mesmo assim, vivemos sempre aos sobressaltos, considerando o porte das pesquisas. Seria importante ter também investimentos da iniciativa privada, como nos Estados Unidos, onde as fontes de financiamento são muito mais diversificadas, até porque pesquisa básica com esse alcance pode gerar tratamentos e produtos e tornar a vida de todos melhor. Um exemplo são as nossas pesquisas com idosos que apresentam resistência ao Sars-CoV-2, as quais obtiveram apoio de empresas sensíveis ao fato de que os resultados podem ajudar o Brasil e outros países.

Mas por que focar nas pessoas idosas? Aí eu acho que entrou a inspiração. Nós pensamos que seria mais lógico ter como base de referência idosos saudáveis porque estes já teriam passado pela seleção natural e sobrevivido a várias doenças. Não teríamos essas informações ao analisar o DNA de pessoas jovens que ainda correriam risco de ter doenças sérias mais tarde, como Alzheimer ou Parkinson. Como eu sempre digo, apesar de as dificuldades influenciarem a longevidade das pessoas, o genoma daqueles que conseguiram chegar a oito ou dez décadas de vida tem muito a dizer sobre como podemos aumentar o período no qual as pessoas permanecem saudáveis e livres de doenças sérias — o que os americanos chamam de *health span*.

Eu estava falando de sorte. Pois bem, apesar de estarmos conscientes de sua importância, o Projeto 80mais começou pequeno, com pouco mais de uma centena de idosos, e não tínhamos ideia de como esse era um mundo diversificado, complexo e desafiador. Foi quando tivemos a nossa primeira grande oportunidade. As professoras da Faculdade de Saúde Pública da USP Maria Lúcia Lebrão e Yeda Duarte nos contaram que tinham um projeto de dados clínicos e funcionais voltado para pessoas com mais de sessenta anos e acompanhadas desde o ano 2000. Faltava ainda, segundo elas, o estudo genômico. Então perguntaram: vocês estariam interessados? Aquela pergunta foi música para os meus ouvidos. Assim teve início a nossa parceria. Começamos a coletar o DNA dos participantes do Sabe e a entrar mais fortemente na realidade dos idosos brasileiros.

A possibilidade de colaboração com o Projeto Sabe, com representatividade censitária e parâmetros epidemiológicos, abriu as portas de um mundo muito além dos genes e trouxe outra dimensão a nossas pesquisas. A discussão sobre o que é ser velho tem muitas facetas e muitas perguntas que até recentemente nem eram avaliadas — e que foram mostradas ao longo deste livro. Ela envolve aspectos biológicos, cuja pesquisa estamos aprofundando, do funcionamento celular, dos órgãos e tecidos; mas também aspectos sociais e culturais, e questões delicadas, como o medo da morte ou da vida sem autonomia e independência. Essas são questões que os resultados do Sabe trouxeram à tona e que devem ser encaradas. O que fazer, de fato, na sociedade, de modo a valorizar o idoso?

Outra questão importante do envelhecimento tem a ver com o aspecto cognitivo e está relacionado com o nosso segundo grande golpe de sorte. Muitos idosos de oitenta, noventa e até centenários continuam a desempenhar importante papel social como pensadores, empresários, professores — pessoas anônimas ativas e resilientes — e até presidentes, como Joe Biden, nascido em 1942, nos Estados Unidos.

Sabemos que, em geral, os problemas de saúde aumentam na quarta idade, mas quais seriam os efeitos do envelhecimento sobre o cérebro dos idosos? Essa foi uma das inúmeras questões que fizemos quando contactados pelo professor Edson Amaro Júnior, que nos perguntou se teríamos interesse em estudar o cérebro dos idosos. O Hospital Albert Einstein tinha adquirido um equipamento de ressonância magnética de última geração que poderia ser disponibilizado para a pesquisa. E foi assim que conseguimos analisar esse outro aspecto do envelhecimento, um dado extremamente importante que esperamos possa ser publicado em breve.

O próximo desafio era obter recursos para analisar o genoma de todos esses idosos. Há cerca de dez anos, o custo de cada genoma era de 5 mil dólares, ou seja, precisávamos de alguns milhões para fazer o sequenciamento de todas as amostras. Não é preciso dizer que não dispúnhamos dessa verba. Então tivemos outro lance de sorte. O cientista norte-americano Craig Venter, corresponsável pelo primeiro genoma humano, se interessou pelo nosso projeto. Ele havia montado a empresa Human Longevity e se dispôs a pagar o custo do sequenciamento desde que tivesse acesso aos dados. No final, a empresa desistiu do projeto e os dados foram transferidos para nós, e agora fazem parte do arquivo precioso do ABraOM.

Resumindo, em ciência é preciso acreditar na importância do trabalho a longo prazo, ter persistência, sorte e estar aberto a boas oportunidades. O foco nos idosos foi muito compensador — a longevidade abre um campo extraordinário de pesquisas e descobertas. Só posso agradecer a todos que literalmente cederam seu sangue e suas histórias para conhecermos melhor o genoma dos brasileiros e assim ajudar a prevenir doenças sérias e acrescentar mais anos às nossas vidas com qualidade. Espero que, quando nossas pesquisas ou as de outros cientistas conseguirem vislumbrar uma vida melhor à frente para todos nós, a sociedade saiba reconhecer a contribuição dos mais velhos, sem os quais nada disso seria possível. E, claro, espero estar aqui para ver esse dia chegar.

Agradecimentos

Nenhum livro é produto apenas de seus autores. Inúmeras pessoas contribuem direta e indiretamente para o seu resultado e, por isso mesmo, são lembradas com muito carinho e gratidão. No nosso caso, a lista é grande, começando pelos idosos que deram seus depoimentos, os colegas, amigos e parceiros do CEGH-CEL, doutorandos, técnicos e alunos que participaram do Projeto 80mais e seus desdobramentos.

Um agradecimento especial à Yeda Duarte e aos colegas da Faculdade de Saúde Pública da USP. Um viva aos amigos, colaboradores e alunos Michel S. Naslavsky, Maria Rita Passos-Bueno, Silvano Raia, Mariz Vainzof, Rita M. Pavanello, Eliana Dessen, Edson Amaro Junior, Telma Busch, Mateus Vidigal, Lylyan Fragoso, Vivian R. Coria, Tânia Araújo, Anibal Vercesi, Carlos Menck, Wagner Falciano, Marta Canovas, Marta Celestino de Macedo, Luciana Antonio, Constancia Urbani; às enfermeiras de pesquisa, fisioterapeutas e biomédicas do Hospital Albert Einstein (Karina Fernandes, Anelise Santos, Carlo Rondinoni); aos colaboradores da Human Longevity Inc. (Fernanda Gandara, Padma Kodukula, Denis Bisson, Amalio Telenti, Ewen Kirkness,

Julia di Iulio, Naisha Shah, Emily Wang, Ilan Shomorony, Michael Hicks, Claire Hou, Kim Pelak e o então CEO, J. Craig Venter), Claudia K. Suemoto, Renata E. L. Ferretti-Rebustini, Roberta D. Rodriguez, Renata E. P. Leite, Luciana Soterio, Sonia M. D. Brucki, Raphael R. Spera, Tarcila M. Cippiciani, Alexandre Chiavegatto Filho, Carlos A. Pasqualucci, Wilson Jacob-Filho, Ricardo Nitrini, Lea T. Grinberg; e aos auxiliares do Banco de Encéfalos Humanos da Faculdade de Medicina da USP. Ao Grupo de Psicanálise do CEGH-CEL, em particular Jorge Forbes, Teresa Genesini e Marilene Naccache. Ao longo desse projeto também contamos com o apoio e incentivo de Hernan Chaimovich, José Goldemberg, Jorge Venancio e Mara Gabrilli.

Agradecemos também a todos que contribuíram para a análise e publicação do maior banco genômico de idosos saudáveis da América Latina. Além dos já citados, Marilia O. Scliar, Guilherme L. Yamamoto, Jaqueline Y. T. Wang, Stepanka Zverinova, Tatiana Karp, Kelly Nunes, Jose Ricardo M. Ceroni, Diego L. Carvalho, Carlos Eduardo S. Simões, Daniel Bozoklian, Nayane S. B. Silva, Andreia S. Souza, Heloisa S. Andrade, Marilia R. S. Passos, Camila F. B. Castro, Celso T. Mendes-Junior, Rafael L. V. Mercuri, Thiago L. A. Miller, Jose L. Buzzo, Fernanda O. Rego, Nathalia M. Araujo, Wagner C. S. Magalhães, Regina C. Mingroni-Netto, Victor Borda, Heinner Guio, Mauricio L. Barreto, Maria Fernanda Lima-Costa, Bernardo L. Horta, Eduardo Tarazona-Santos, Diogo Meyer, Pedro A. F. Galante, Victor Guryev, Erick C. Castelli.

Agradecemos também aos pesquisadores que leram versões do livro ou dos capítulos referentes a suas áreas de especialização, contribuindo com ideias, correções e aprofundamentos. E aos profissionais generosos que leram este original e nos incentivaram a ir adiante: Daniela Duarte e Matinas Suzuki, da Companhia das Letras.

Um agradecimento a Marlene Jaggi, Gleise Santa Clara e Fabiana Parajara.

A Luiz Fernando Câmara Vitral, marido de Martha San Juan França, um muito obrigada especial.

Uma homenagem aos filhos de Mayana Zatz, que sempre a apoiaram, lembrando que a idade biológica está cada vez menos associada a idade cronológica.

Este trabalho não teria sido possível sem o apoio da USP, da Fapesp, do CNPq, INCT e Ministério da Ciência e Tecnologia; além das empresas Prevent Senior e JBS, no projeto contra a covid-19.

Notas

EPÍGRAFE [p. 7]

1. Bobbio, Norberto. *O tempo da memória: De Senectude e outros escritos autobiográficos*. Rio de Janeiro: Elsevier, 1997, pp. 34-5.

APRESENTAÇÃO [pp. 11-5]

1. Mayana Zatz. *GenÉtica: Escolhas que nossos avós não faziam*. Rio de Janeiro: Globo, 2011.
2. Michel começou essa história como doutorando sob a orientação de Mayana e continua como professor do Departamento de Genética e Biologia Evolutiva do Instituto de Biociências da USP.

1. POR TRÁS DE UMA PESQUISA TEM SEMPRE UMA HISTÓRIA [pp. 17-24]

1. Karina Toledo. "Zika contra câncer". *Pesquisa Fapesp*, n. 267, maio 2018. Disponível em: <https://revistapesquisa.fapesp.br/zika-contra-cancer/>.
2. Trabalho conjunto do CEGH-CEL com a Universidade Harvard.
3. Natassia M. Vieira et al. "Jagged 1 Rescues the Duchenne Muscular Dystrophy Phenotype". *Cell*, n. 163, nov. 2015. Disponível em: <https://www.cell.com/cell/pdfExtended/S0092-8674(15)01405-1>.

4. A descoberta levou a pesquisas, realizadas em cooperação com o geneticista Louis Kunkel, da Universidade Harvard, sobre possíveis fatores protetores, na esperança de que seja possível desenvolver futuros medicamentos que reproduzam o mesmo efeito de compensação em crianças com Duchenne.

5. Jacob François. *O rato, a mosca e o homem*. São Paulo: Companhia das Letras, 1998.

2. O GENOMA BRASILEIRO [pp. 25-36]

1. Ver mais em: <https://allofus.nih.gov/>.

2. A empresa pioneira DeCode, que fez o sequenciamento genético da população da Islândia, foi comprada em 2012 pela farmacêutica norte-americana Amgen por 415 milhões de dólares, com o objetivo de identificar novos caminhos para o desenvolvimento de medicamentos e descontinuar produtos que não tivessem viabilidade em uma fase inicial. Outras farmacêuticas desenvolvem programas próprios ou em consórcio, com o mesmo objetivo.

3. Álvaro A. Salles. "Aspectos éticos dos testes preditivos em doenças de manifestação tardia". *Revista Brasileira de Saúde Materno-Infantil*, Recife, v. 10, supl. 2, dez. 2010.

4. Cf. capítulo 3 de: U.S. Department of Health and Human Services. *A nova genética*. Trad. de Diana Barbosa. Rio de Janeiro: Casa das Ciências, 2013.

5. S. Fuselli et al. "Mitochondrial DNA Diversity in South America and the Genetic History of Andean Highlanders". *Molecular Biology and Evolution*, v. 20, n. 10, out. 2003, pp. 1682-91.

6. E. Taranzona-Santos. "A influência da escravidão na genética das populações das Américas". *A Diáspora Africana*, 9 mar. 2020.

7. A plataforma foi lançada pela Brazilian Initiative on Precision Medicine (BIP-MED) com apoio da Fapesp. Disponível em: <http://bipmed.iqm.unicamp.br/genes>.

8. Janaina Garcia. "Gigante dos testes caseiros faz remédio usando dados de DNA de cliente". *Tilt*, 21 jan. 2020.

9. Pablo Marques. "Facebook admite o vazamento dos dados de 50 milhões de usuários". *R7*, 28 set. 2018; Raphael Coraccini. "Novo vazamento expõe dados telefônicos de mais de 100 milhões de brasileiros". *CNN Brasil*, 10 fev. 2021.

10. Okinawa ficou conhecida por ter a maior população de pessoas com mais de cem anos no mundo inteiro.

11. Nir Barzilai, diretor do Instituto, coordena desde 1998 o Projeto dos Genes da Longevidade, que investiga o material genético e o histórico médico de 670 idosos judeus provenientes da Europa Central e do Leste e seus filhos.

3. POR QUE ENVELHECEMOS? [pp. 37-51]

1. A Fundação Matusalém foi criada em 2003 pelo empresário americano David Gobel e o cientista inglês Aubrey de Grey, e apoia pesquisas sobre medicina regenerativa. Ela é patrocinadora do prêmio Mprize (Methuselah Mouse Prize) para pesquisas sobre longevidade. A Fundação Sens (de Strategies for Engineered Negligible Senescence), também criada em 2003, apoia pesquisas voltadas para prolongar a expectativa de vida do ser humano.

2. As pesquisas relacionadas ao mapeamento em nível molecular dos mecanismos de reparo do DNA valeram o Prêmio Nobel de Química de 2015 aos cientistas Tomas Lindahl (sueco), Paul Modrich (norte-americano) e Aziz Sancar (turco).

3. Life Expectancy Calculator. Disponível em: <https://www.livingto100.com/>.

4. Jorge Félix. "Google, uma das principais empresas da economia da longevidade". *Portal do Envelhecimento e Longeviver*, 28 ago. 2015.

5. Venter foi presidente fundador da Celera Genomics, que ficou conhecida ao iniciar seu próprio Projeto Genoma Humano utilizando tecnologias avançadas que lhe permitiram terminar o sequenciamento do genoma de forma mais rápida e barata. Ele também criou a primeira bactéria artificial, no ano de 2010. Sobre sua experiência, ele escreveu um livro autobiográfico chamado *Uma vida decodificada: O homem que decifrou o DNA* (Rio de Janeiro: Elsevier, 2007).

6. Isso só foi possível como resultado da verba obtida por emenda parlamentar da senadora Mara Gabrilli. Tetraplégica, a senadora tem se empenhado de diversas formas para melhorar a qualidade de vida das pessoas com deficiência e para o desenvolvimento científico nessa área. Foi, por exemplo, uma parceira de Mayana na luta pela aprovação da Lei de Biossegurança, que permitiu a realização de pesquisas com células-tronco. Estudos realizados no Brasil e em outros países investigam a capacidade regenerativa dessas células para reparar os danos causados por lesões na medula, ou outras doenças degenerativas como o mal de Parkinson e a ELA.

7. Michel S. Naslavsky et al. "Exomic Variants of an Elderly Cohort of Brazilians in the ABraOM Database". *Human Mutation*, v. 38, n. 7, mar. 2017, pp. 751-63.

8. O Arquivo Brasileiro Online de Mutações está disponível em: <http://abraom.ib.usp.br>.

4. DE PORTA EM PORTA, VAMOS CONHECENDO NOSSOS VELHOS [pp. 52-8]

1. Nações Unidas. "Envelhecimento". 15 jul. 2019. Disponível em: <https://population.un.org/wpp2019/>.

2. IBGE. Censo demográfico 2010. Disponível em <https://censo2010.ibge.gov.br/sinopse/index.php?dados=12>.

3. Segundo a "Projeção da população", divulgada em 2018 pelo IBGE. Cf. IBGE. "Idosos indicam caminhos para uma melhor idade". 19 mar. 2019; Ibid. "Projeção da população 2018: Número de habitantes do país deve parar de crescer em 2047". Agência IBGE, 27 jul. 2018.

4. José Eustáquio Diniz Alves. "A pandemia da covid-19 e o envelhecimento populacional no Brasil". Portal do Envelhecimento, 20 abr. 2020.

5. Fernando Dantas. "Brasil está ficando velho antes de ficar rico, diz Bird", O Estado de S. Paulo, 6 abr. 2011.

6. Atualmente, Yeda Duarte conta com a parceria do professor sênior da Faculdade de Medicina de Ribeirão Preto da USP Jair Lício Ferreira Santos. Formado em física pela USP, o professor é mestre em sociologia pela Universidade de Chicago e doutor em saúde pública pela USP.

7. O Sabe vem permitindo a realização de dezenas de estudos que incluem diferentes aspectos da população idosa, como depressão e declínio cognitivo, condições gerais de saúde, saúde bucal, avaliação nutricional, atividades da vida diária, suporte familiar, uso de medicamentos e de serviços de saúde, renda e condições de emprego. Sobre esses estudos, ver: <http://hygeia3.fsp.usp.br/sabe/>.

5. COMO ESTAMOS ENVELHECENDO [pp. 59-67]

1. Jaime Ducharme e Elijah Wolfson. "Your ZIP Code Might Determine How Long You Live: And the Difference Could Be Decades". Time, 17 jun. 2019.

2. Diante das dificuldades enfrentadas pelos mais velhos, o programa global sobre envelhecimento da Organização Mundial da Saúde (OMS) começou em 2007 o movimento Cidade Amiga do Idoso, uma iniciativa do médico brasileiro Alexandre Kalache, na época diretor do programa e hoje presidente do Centro Internacional de Longevidade Brasil (ILC-BR). Seu objetivo é tornar cada cidade um lugar de convivência mais fácil, mais confortável e segura para o idoso e, consequentemente, para toda a população. Você pode consultar o "Guia Global" aqui: <https://www.who.int/ageing/GuiaAFCPortuguese.pdf>.

3. Segundo o IBGE. *Estatísticas de gênero: Indicadores sociais das mulheres no Brasil*, 2018. Cf. Clarissa Pains. "Mulheres estudam mais, mas recebem 23,5% menos do que homens". *O Globo*, 7 mar. 2018.

4. Maria Lúcia Lebrão e Rui Laurenti. "Saúde, bem-estar e envelhecimento: O Estudo Sabe no município de São Paulo". *Revista Brasileira de Epidemiologia*, n. 8, v. 2, 2005, pp. 127-41.

5. Ibid.

6. A fragilidade nos idosos é caracterizada como uma síndrome clínica, cujos sinais (perda de peso, fadiga, diminuição da força de preensão, redução das atividades físicas, diminuição na velocidade da marcha e das relações sociais) são preditores de complicações futuras em sua saúde, o que torna essa condição um importante problema de saúde pública.

7. Yeda Aparecida de Oliveira Duarte et al. "Fragilidade em idosos no município de São Paulo: prevalência e fatores associados". *Revista Brasileira de Epidemiologia* (online), v. 21, supl. 2, 2018. Disponível em: <https://www.scielo.br/scielo. php?script=sci_arttext&pid=S1415-790X2018000300418>.

8. A dimensão funcional é fundamental para a sobrevivência dos mais velhos e a base do que a OMS define como envelhecimento ativo. O conceito reconhece que, além dos cuidados com a saúde, outros fatores afetam o modo como os indivíduos e as populações envelhecem, como a habilidade de manter autonomia e independência. A palavra "ativo", nesse caso, não significa somente fazer parte da força de trabalho, mas a participação em questões sociais, econômicas, culturais e da comunidade, independentemente de sua condição social. Cf. World Health Organization. "Envelhecimento ativo: Uma política de saúde". Brasília: Organização Pan-Americana de Saúde, 2005. Disponível em: <http://bvsms.saude.gov.br/bvs/ publicacoes/envelhecimento_ativo.pdf>.

9. Resultados disponíveis em: <https://www.saopaulo.sp.leg.br/escoladopar-lamento/wp-content/uploads/sites/5/2018/08/SABE-2015-2018.pdf>.

10. Karla Giacomin. "Um olhar atualizado sobre a velhice". 7 out. 2013. Disponível em: <https://sbgg.org.br/um-olhar-atualizado-sobre-a-velhice/>.

11. Sugiro a leitura do interessante artigo de Katia Peres Farias et al. "Práticas em saúde: Ótica do idoso negro em uma comunidade de terreiro" (*Revista Brasileira de Enfermagem*, v. 69, n. 4, Brasília, jul./ago. 2016).

12. Sobre esse tema, vale ler *Memória e sociedade*, de Ecléa Bosi (São Paulo: Companhia das Letras, 1994).

6. VIVA BEM COM O CÉREBRO QUE VOCÊ TEM [pp. 68-78]

1. A palavra foi criada em 1969 pelo gerontólogo Robert Neil Butler (1927-2010), primeiro diretor do Instituto Nacional de Envelhecimento dos Estados Unidos, conhecido por seu trabalho sobre as necessidades sociais e os direitos dos idosos, e por sua pesquisa sobre envelhecimento saudável e demência.

2. "Você sabe se tem preconceito por idade?", 26 set. 2018. Disponível em: <https://www.vivaalongevidade.com.br/forum-da-longevidade/voce-sabe-se-tem--preconceito-por-idade>.

3. Paulo Niemeyer Filho. *No labirinto do cérebro*. Rio de Janeiro: Objetiva, 2020, p. 44.

4. Norberto Bobbio. *O tempo da memória*. Rio de Janeiro: Campus, 1997.

5. Baltes criou o paradigma do desenvolvimento ao longo da vida, mais conhecido teoricamente como *lifespan* ou ciclo vital. Ou seja, o desenvolvimento é um processo contínuo que ocorre desde o nascimento até a morte. O envelhecimento é caracterizado nesse processo por modificações funcionais, psicológicas, morfológicas e biológicas em consequência da passagem do tempo, refletidas no comportamento, na capacidade intelectual, na atividade física e nas interações sociais.

6. Miniexame do Estado Mental (Meem) e sua expansão, o Miniexame do Estado Mental Modificado ou 3MS. Esses exames são normalmente utilizados para apoiar o diagnóstico de doenças como Alzheimer, por avaliar orientação para tempo e local, atenção e cálculo, linguagem e memória.

7. Cf. <https://www.einstein.br/Pages/octagene.aspx>.

8. Lisa Feldman Barrett. *How Emotions Are Made: The Secret Life of the Brain*. Nova York: Mariner Books, 2017.

9. Lisa Feldman Barrett. "How to Become a 'Superager'". *The New York Times*, 31 dez. 2016.

10. Ibid.

7. MEMÓRIA: MODO DE USAR [pp. 79-90]

1. Iván Izquierdo. *A arte de esquecer: Cérebro, memória e esquecimento*. Rio de Janeiro: Vieira & Lent, 2004. Médico e neurocientista, coordenador do Centro de Memória da PUC-RS, Iván Izquierdo, falecido em 2021, foi um dos maiores especialistas em fisiologia da memória em todo o mundo, com mais de 20 mil citações nas bases Scopus e Web of Science.

2. Iván Izquierdo et al. "Memória: Tipos e mecanismos". *Revista USP*, São Paulo, n. 98, jun./jul./ago. 2013, pp. 9-16.

3. Norberto Bobbio. *O tempo da memória*. Rio de Janeiro: Campus, 1997, p. 30.

4. Marcel Proust. *Em busca do tempo perdido*. Trad. de Fernando Py. Rio de Janeiro: Nova Fronteira, 2016, 8 v.

5. "Casos de demência vão triplicar e chegar a 152 milhões de pessoas até 2050, diz OMS". *G1*, Ciência e Saúde, 14 maio 2019.

6. Cf. <https://www.paho.org/bra/index.php?option=com_content&view=article&id=5560:demencia-numero-de-pessoas-afetadas-triplicara-nos-proximos-30--anos&Itemid=839>. Segundo a OMS, o custo anual estimado para a demência é de 818 bilhões de dólares, o equivalente a mais de 1% do Produto Interno Bruto global. O valor total inclui custos médicos diretos, assistência social e cuidados informais (perda de renda dos cuidadores). Até 2030, espera-se que esse valor mais que dobre, chegando a 2 trilhões de dólares.

7. Brazilian Aging Brain Study Group. "Association between Cardiovascular Disease and Dementia". *Dementia & Neuropsychologia*, São Paulo, v. 3, n. 4, São Paulo, out./dez. 2009. Disponível em: <https://doi.org/10.1590/S1980--57642009DN30400008>.

8. O mal de Alzheimer não tem cura conhecida e tende a progredir até a morte. Os medicamentos atuais podem melhorar as alterações de comportamento e ajudar a atrasar os sintomas, mas só isso. Vários genes contribuem para aumentar ou diminuir o risco da doença. No caso do Alzheimer precoce, que se manifesta entre trinta e sessenta anos, mas que atinge apenas 1% dos indivíduos, a doença é provocada por alterações em três genes específicos (APP, PSEN1 e PSEN2) e, geralmente, ocorre em mais de um membro da mesma família. Pessoas com mutações em um desses genes têm uma probabilidade de 50% de transmiti-la para seus descendentes.

9. Laura Sanders. "How one Woman Became the Exception to Her Family's Alzheimer's History". *Science News*, 26 jan. 2020.

10. David Schlesinger et al. "African Ancestry Protects against Alzheimer's Disease Related Neuropathology". *Molecular Psychiatry*, v. 18, n. 1, 2013, pp. 79-85.

11. Sobre o Alzheimer precoce, vale assistir ao filme *Para sempre Alice*, de 2015, baseado no romance homônimo de Lisa Genova.

12. David A. Snowdon. "Healthy Aging and Dementia: Findings from the Nun Study". Disponível em: <https://www.acpjournals.org/doi/10.7326/0003-4819-139-5_Part_2-200309021-00014>. O estudo com 678 freiras do convento School Sisters of Notre Dame, com idade acima de 75 anos e estilo de vida homogêneo, incluiu ensaios autobiográficos, testes cognitivos e exames post mortem de seus cérebros. O estudo deu origem ao livro *Aging with Grace*, de Snowdon (Nova York: Bantam, 2002).

13. "Ler poesia é mais útil para o cérebro que livros de autoajuda, dizem cientistas". *Folha de S.Paulo*, 15 jan. 2013.

14. Gary Glazner e Daniel B. Kaplan. "The Alzheimer's Poetry Project". *JAMA*, v. 320, n. 22, 11 dez. 2018.

8. *MENS SANA IN CORPORE SANO* [pp. 91-9]

1. Michelle Brubaker. "Too Much Sitting, Too Little Exercise May Accelerate Biological Aging". *UC San Diego News*, 18 jan. 2017.
2. Paloma Oliveto. "Sedentarismo avança no planeta: 25% da população no grupo de alto risco". *Correio Braziliense*, 5 set. 2018. O levantamento usa dados de 2001 a 2016.
3. Perda generalizada e progressiva da força e da massa muscular esquelética com o envelhecimento, ocorrendo mesmo em idosos saudáveis. Pode levar a perda de autonomia, quedas e fraturas.
4. Michelle Brubaker. "Too Much Sitting, Too Little Exercise May Accelerate Biological Aging". *UC San Diego News*, 18 jan. 2017.
5. Cf. <https://cogmob.rehab.med.ubc.ca/>.
6. Cf. página do Centro Studi di Riabilitazione Neurocognitiva Carlo Perfetti. Disponível em: <https://riabilitazioneneurocognitiva.it/en/>.
7. Bruna Carla Maia et al. "Consequências das quedas em idosos vivendo na comunidade". *Revista Brasileira de Geriatria e Gerontologia*, Rio de Janeiro, v. 14, n. 2, abr./jun. 2011; "Queda aumenta risco de morte para idosos". *Correio Braziliense*, 12 out. 2019.
8. Kathrin Rehfeld et al. "Dancing or Fitness Sport? The Effects of Two Training Programs on Hippocampal Plasticity and Balance Abilities in Healthy Seniors". *Frontiers in Human Neuroscience*, 15 jun. 2017. Disponível em: <https://www.frontiersin.org/articles/10.3389/fnhum.2017.00305/full>.

9. É PRECISO SABER VIVER [pp. 100-9]

1. "'Eu não quero ter razão, quero é ser feliz', disse Gullar". *Folha de S.Paulo*, 4 dez. 2016.
2. Cf. Harvard Second Generation Study. Disponível em: <https://www.adultdevelopmentstudy.org/>.
3. Anna Scelzo et al. "Mixed-Methods Quantitative-Qualitative Study of 29 Nonagenarians and Centenarians in Rural Southern Italy: Focus on Positive Psychological Traits". *International Psychogeriatrics*, Cambridge University Press, v. 30, n.1, 2018, pp. 31-8.

4. Norberto Bobbio. *O tempo da memória*. Rio de Janeiro: Campus, 1997, p. 140.

5. Atul Gawande. *Mortais: Nós, a medicina e o que realmente importa no final*. Rio de Janeiro: Objetiva, 2015.

6. Pesquisa da Sociedade de Geriatria e Gerontologia de São Paulo em parceria com a farmacêutica Bayer, com 2 mil homens e mulheres com idade acima de 55 anos, divulgada em 2017. O temor de ficar sozinho está presente em 29% dos entrevistados. O segundo maior temor é a dependência de outras pessoas, seguido do temor do surgimento de alguma doença. Disponível em: <https://www.uol.com.br/vivabem/noticias/redacao/2017/10/26/pesquisa-revela-como-brasileiro--encara-envelhecimento-solidao-e-maior-medo.htm>.

7. Lewina O. Lee et al. "Optimism Is Associated with Exceptional Longevity in 2 Epidemiologic Cohorts of Men and Women". *PNAS: Proceedings of the National Academy of Science*, The Rockefeller University, Nova York, set. 2019.

8. Ibid.

9. Elaine Fox; Anna Ridgewell; Chris Ashwin. "Looking on the Bright Side: Biased Attention and the Human Serotonin Transporter Gene". *Proceedings of The Royal Society B*, n. 276, fev. 2009.

10. A. L. Nishimura; J. R. M. Oliveira; J., M. Zatz. "The Human Serotonin Transporter Gene Explains Why Some Populations Are More Optimistic?. *Molecular Psychiatry*, v. 14, n. 828, ago. 2009.

10. POR QUE PAROU, PAROU POR QUÊ? [pp. 110-7]

1. Blog da Vovó Neuza. Disponível em: <http://vovoneuza.blogspot.com/>.

2. Simone de Beauvoir. *A velhice*, tomo 2, *As relações com o mundo*. São Paulo: Difel, 1970, p. 246.

3. Ibid, p. 246.

4. Os órgãos dos suínos são muito semelhantes aos dos humanos, mas se fossem transplantados seriam rejeitados. A ideia é desativar os genes que provocam a rejeição por meio da técnica de edição gênica conhecida como Crispr-Cas9, para que o sistema imunológico humano não rejeite os órgãos. O projeto, financiado pela Fapesp, tem a coordenação científica do CEGH-CEL, com a participação do Instituto de Estudos Avançados da USP e do Laboratório de Imunologia do Instituto do Coração (InCor), que é parte do Hospital das Clínicas da Faculdade de Medicina da USP.

5. O projeto do CEGH-CEL prevê a obtenção de organoides hepáticos (minifígados) a partir de células sanguíneas humanas. Para isso, os pesquisadores reprogramam as células sanguíneas para que regridam a um estágio de pluripotência

característico das células-tronco (células-tronco pluripotentes induzidas ou iPS, técnica que rendeu o Nobel de Medicina ao cientista japonês Shinya Yamanaka em 2012). Em seguida, induzem a diferenciação em células hepáticas. Cf. Ernesto Goulart et al. "3D Bioprinting of Liver Spheroids Derived from Human Induced Pluripotent Stem Cells Sustain Liver Function and Viability in Vitro". *Biofabrication*, v. 12, n. 1, jan. 2020.

6. "Os dependentes da renda dos idosos e o coronavírus: órfãos ou novos pobres?". Disponível em: <www.ipea.gov.br/portal/index.php?option=com_content&view=article&id=36188>.

7. "Coronavírus: por que a pandemia está acelerando a saída de idosos do mercado de trabalho". *Abep*, 26 jun. 2020.

8. "Will Ageism Get Worse in the Post-Pandemic Workplace?". Disponível em: <www.ft.com/content/9eb440b6-4519-43a3-aba9-99b87926dd74>.

9. Jorge Félix. *Viver muito: Outras ideias sobre envelhecer bem no século XXI (e como isso afeta a economia e o seu futuro)*. São Paulo: Leya, 2010, p. 34.

11. E ENTÃO VEIO A COVID-19 [pp. 118-26]

1. "Scientists Trace Severe Covid-19 to Faulty Genes and Autoimmune Condition". 24 set. 2020. Disponível em: <www.rockefeller.edu/news/29183-severe--covid-19-faulty-genes-autoimmune-condition/>.

2. José Mateus et al. "Selective and Cross-Reactive Sars-CoV-2 T Cell Epitopes in Unexposed Humans". *Science*, v. 370, 20 out. 2020, pp. 89-94. Disponível em: <https://science.sciencemag.org/content/370/6512/89>.

3. John D. Morrey et al. "Zika Virus Infection Causes Temporary Paralysis in Adult Mice with Motor Neuron Synaptic Retraction and Evidence for Proximal Peripheral Neuropathy". *Scientific Reports*, v. 9, dez. 2019.

4. Carolini Kaid et al. "Zika Virus Selectively Kills Aggressive Human Embryonal CNS Tumor Cells in vitro and in vivo". *Cancer Research On Line*, 26 abr. 2018.

5. Um estudo feito em colaboração com o patologista Paulo Saldiva, da Faculdade de Medicina da USP.

6. "USP disponibiliza teste para diagnosticar covid-19 pela saliva". *Jornal da USP*, 1º dez. 2020. Disponível em: <https://jornal.usp.br/ciencias/usp-disponibiliza--teste-para-diagnosticar-covid-19-pela-saliva/>.

7. Ana Amélia Camarano e Solange Kanso. "As instituições de longa permanência para idosos no Brasil", *Revista Brasileira de Estudos de População*, v. 27, n.1. São Paulo, jan.-jun. 2010.

12. UMA VIDA DEDICADA À CIÊNCIA [pp. 127-31]

1. Marcos Pivetta e Mariluce Moura. "Mayana Zatz: um olho na razão, outro no coração". *Pesquisa Fapesp* n. 110. Abr. 2005. Disponível em: ‹https://revista-pesquisa.fapesp.br/um-olho-na-razao-outro-no-coracao/›.

2. Reinaldo José Lopes. "Uma cientista dos genes e da família". *Folha de S.Paulo*, 24 jun. 2003.

ESTA OBRA FOI COMPOSTA PELA ABREU'S SYSTEM EM INES LIGHT
E IMPRESSA EM OFSETE PELA GEOGRÁFICA SOBRE PAPEL PÓLEN BOLD
DA SUZANO S.A. PARA A EDITORA SCHWARCZ EM MAIO DE 2021

A marca FSC® é a garantia de que a madeira utilizada na fabricação do papel deste livro provém de florestas que foram gerenciadas de maneira ambientalmente correta, socialmente justa e economicamente viável, além de outras fontes de origem controlada.